해양전략, 그리고
충무공 이순신

해양전략, 그리고
충무공 이순신

펴낸날 2022년 4월 15일

지은이 박주미
펴낸이 주계수 | **편집책임** 이슬기 | **꾸민이** 김소은

펴낸곳 밥북 | **출판등록** 제 2014-000085 호
주소 서울시 마포구 양화로 59 화승리버스텔 303호
전화 02-6925-0370 | **팩스** 02-6925-0380
홈페이지 www.bobbook.co.kr | **이메일** bobbook@hanmail.net

ISBN 979-11-5858-863-2 (03390)

해양전략, 그리고 충무공 이순신

박주미

해군의 다짐

우리는 영예로운 충무공의 후예이다

※ 2018년 12월 한산도 제승당에서 필자의 모습

忠武祠

머리말

해군의 다짐

우리는 영예로운 충무공의 후예이다.

하나, 명령에 죽고 사는 해군이 되자.

하나, 책임을 완수하는 해군이 되자.

하나, 전기를 갈고닦는 해군이 되자.

하나, 전우애로 뭉쳐진 해군이 되자.

하나, 싸우면 이기는 해군이 되자.

많은 사람이 충무공의 후예인 '해군'이라면, 특히 군 장병들의 정신 전력교육을 담당하는 '공보정훈' 장교라면 충무공 이순신에 대해 당연히 많이 알 것이라고 생각한다. 하지만 과연 그럴까?

사실 부끄럽게도 2000년 해군사관학교에 입교하여 지금까지 20여 년 동안 해군으로, 특히 공보정훈 장교로 군 복무를 하는 나조차도 충무공 이순신에 대해 공부하기 시작한 것은 얼마 되지 않았다. 2017년 무렵 박사 과정을 시작하며 해양전략에 관해 연구하면서부터였으니 말이다. 하지만 나는 늦은 만큼, 부끄러움과 사명감을 가지고 기본부터 시작하자는 마음으로 연구를 시작했다. 그 결과, 너무나 감사하게도 그동안 몇 편의 소중한 논문들을 발표할 수 있었다.

공부를 하면 할수록 더욱 나의 부족함을 느끼기에, 또 그리 길지 않은 시간의 연구 결과물들이기에 이 논문집을 세상에 내어놓기까지는 많이 망설였다. 하지만 해양전략이나 충무공 이순신의 전략을 연구하는 분들에게 작은 디딤돌이라도 되지 않을까 하는 조심스러운 마음으로 용기 내어 출판을 결심하게 되었다. 연구의 부족함은 전적으로 필자에게 있으며, 강호제현의 질정叱正을 바란다.

이 책이 나오기까지 많은 분들께서 도와주셨다. 무엇보다 부족한 제자가 군 생활을 하면서도 박사학위 과정을 끝까지 마칠 수 있도록 격려와 지지를 보내주시고 이끌어주신 영원한 은사님 충남대학교 길병옥 교수님, 그리고 제자가 교육의 목표와 방향성을 잃지 않도록 사관학교 시절부터 지금까지 항상 비전과 용기를 주시는 목포해양대학교 고광섭 교수님께 무한한 감사를 드린다. 그리고 내 인생의 절반 동안 나의 롤모델이 되어 정체성을 형성시켜 준 수많은 해군·해병대와 육·공군의 지휘관님들과 선·후배님들께도 지면을 빌려 감사의 마음을 전하고 싶다.

마지막으로 군 생활과 연구로 많은 시간을 함께 해주지 못하는 부족한 아내와 엄마인데도 언제나 사랑으로 이해해주고 힘이 되어주는 나의 사랑하는 남편과 아들, 그리고 그 빈자리를 따뜻하게 채워주고 계시는 시부모님, 또한, 언제나 무조건 내 편이 되어주시는 존경하는 부모님과 사랑하는 언니·동생에게도 감사와 사랑의 마음을 전한다.

2022년 봄이 다가오는 때에 동해에서

박주미

목차

2부
충무공 이순신

¤ 해양력과 해양전략의 이론적 논의

¤ 해양전략 이론 형성에 영향을 준 지상전략 이론과 현대적 함의

¤ 콜벳의 해양전략 이론으로 살펴본 임진왜란 해전사 연구

1부

해양전략

해양력과 해양전략의 이론적 논의•

Ⅰ. 해양력과 해양전략의 본질

1. 전략과 해양전략의 계층적 구조

2. 해양력과 해군력, 해양전략과 해군전략의 개념

3. 해양력과 해양전략의 구성요소

4. 해군력과 해양전략의 분류 기준

Ⅱ. 해양전략 결정요인에 관한 이론적 논의

1. 국제협력 및 동맹론

2. 정책결정론

3. 국방경제론

4. 군사혁신론

• 이 연구는 본인의 박사논문 「한국해군의 해양전략 결정요인에 관한 연구」 (충남대학교 박사논문, 2020) 중 일부분을 발췌, 정리한 것이다.

Ⅰ. 해양력과 해양전략의 본질

1. 전략과 해양전략의 계층적 구조

클라우제비츠Carl Phillip Gottlieb von Clausewitz, 몰트케Helmuth Karl Bernhard von Moltke, 리델하트Sir Basil Henry Liddell Hart 등의 군사이론가들 모두는 작전술 이하의 전략만을 다루었다. 그들은 전쟁 목표 달성을 위한 전투력 발휘와 관련된 협의의 전략을 다루었던 것이다. 이것은 전략이라는 용어 자체가 고대 그리스의 지도력generalship에서 비롯되었기 때문이었다.

하지만 포스터Gregory Foster와 오스굿Robert Osgood은 넓은 범위의 힘power을 강조했고, 머레이Willanson Murray와 그림슬레이Mark Grimslay는 전략 구성에 내재하는 역동적 과정process 자체에 관심을 가졌다. 특히 핵 시대인 오늘날 전략은 전시는 물론 평시에도 많은 관심의 대상이 되고 있다.[1]

국가전략은 국가마다 다소 차이가 있지만 국가안보의 관점에서 〈그림 1-1〉과 같은 계층별 구조를 갖는다. 가장 높은 수준에서는 국가전략national strategy 또는 대전략이 위치하는데, 여기서 국가전략은 국가차원의 목표 달성 전략을 의미한다. 그 하위가 국가안보전략national security strategy으로, 국가안전보장과 국가이익의 보전 및 증진을 목표로 하는 전략이

1 John Baylis eds. *Strategy in the Contemporary World* (Oxford: Oxford University Press, 2016), pp.4-5.

다. 여기에는 군사력뿐 아니라 외교력, 정치력, 경제력 등 다양한 국력 수단이 활용될 수 있다.[2] 국가 군사전략은 국가안보전략의 하위개념으로서 국가안보전략의 목표를 달성하기 위해서 육·해해병·공군 등 어떠한 군사적 자원과 수단 등을 어떻게 활용할 것인지에 대한 종합적인 전력을 의미하며, 한국군의 경우 합동군사전략을 비롯한 각 군의 군사전략이 이에 속한다. 군사전략은 다시 하위수준에서 전구theater전략이 수립되며 이를 기준으로 작전술 제대지상·해·공군 작전사 및 전술제대군단, 사단, 함대, 비행단에서 작전이 수행된다.

〈그림 1-1〉 전략의 계층적 구조[3]

2 한국은 새로운 정부가 들어서면 통상 집권 기간 이내에 일반 공개용으로 국가안보전략서가 발간된다. 2014년 7월 박근혜 정부에서 역대 정부 중 최초로 공개된 국가안보전략서 '"망의 새 시대 국가안보전략"을 발간한데 이어 2018년 12월 문재인 정부에서도 "문재인 정부의 국가안보전략"을 발간하였다.

3 이성만 등, 『국가안보의 이론과 실제』(서울: 오름, 2015), pp.94-96.

일반적으로 전략은 전쟁연구에만 국한된 것이 아니라 전장과도 관련 있으며, 정치적 목적 달성을 위한 군사력의 적용 혹은 구체적으로 '정치적 목표를 위해 조직된 힘을 사용하겠다는 위협 혹은 사용과 관련된 이론과 실제'[4]로 정의된다. 가장 포괄적 의미를 지니는 대전략grand strategy은 '정치적 목표 달성을 위한 국가의 모든 자원들과 구성을 조정 통제하는 것'을 포함하는 개념이다.[5] 이 때문에 전략을 이해하기 위해서는 〈그림 1-2〉와 같이 전략을 구성하는 목표, 수단, 방법은 물론 정치, 경제, 심리, 사회, 지정학, 기술, 힘의 구조, 전술 등 외부환경, 국가이익, 국가안보, 군사전략, 전구전략까지 포괄적으로 이해해야만 한다.

〈그림 1-2〉 전략의 포괄성

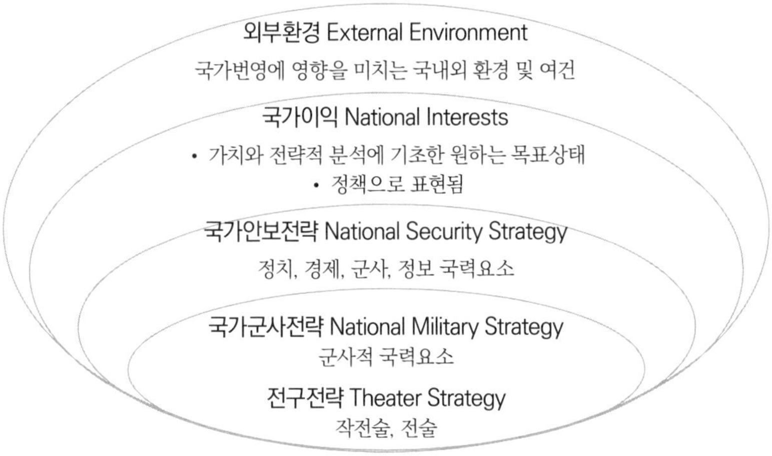

4 Gray, C. S. *Modern Strategy* (Oxford: Oxford University Press, 1999)

5 Liddell Hart, B. H. *Strategy: The Indirect Approach* (London: Faber & Faber, 1967)

전략이 결정되는 과정과 관련해서는 국방기획관리 기본훈령과 국방전력발전업무훈령 등[6]은 국방부에서 발간하여 대외적으로 공개하고 있기 때문에 참고할 수 있다. 그러나 현재 전략기획서를 작성하는 방법이나 구체적 절차가 담겨있는 공개된 훈령이나 규정은 없다. 이러한 면에서 미 육군이 제시한 전략수립모델은 군사전략이 결정되는 과정을 확인할 수 있는 신뢰 가능한 공개된 자료라는 점에서 매우 유용하다.

〈그림 1-3〉 **전략수립모델**strategy formation model[7]

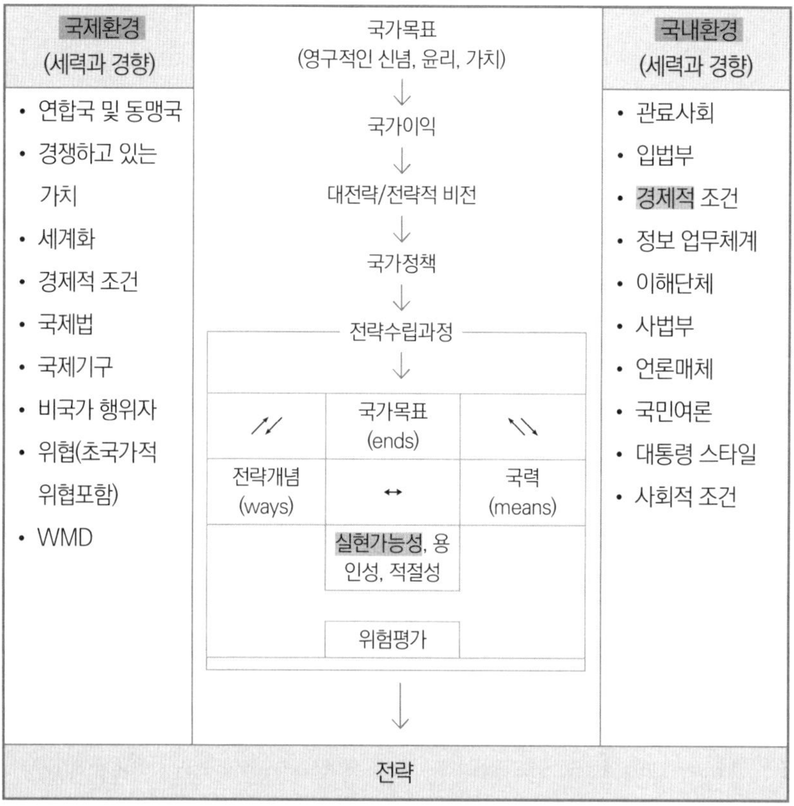

미 육군대학의 『국가안보사안에 대한 지침』에 수록된 전략수립모델인 〈그림 1-3〉에서도 확인할 수 있듯이, 통상 전략은 다음의 8가지 전략분석단계들을 거쳐 수립된다. 첫째, 국가이익들을 식별한다. 둘째, 각 이익별 강도의 수준우선순위을 결정한다. 셋째, 국가이익들과 관련하여 문제들, 추세들, 도전들위협과 기회을 평가한다. 넷째, 목표를 결정한다. 다섯째, 목표를 달성하기 위하여 요구되는 자원수단을 이용하는 대안개념방법들을 검토한다. 여섯째, 전략 대안들에 대한 각각의 실현 가능성, 용인성, 적합성을 결정한다. 일곱째, 위험평가를 실시한다. 여덟째, 정책을 권고한다. 때문에 해양전략 결정요인 분석을 위해서는 국제환경, 국내환경, 국가목표와 이익, 정책에 따른 해양전략 목표, 방법, 수단, 위험평가 등의 요인을 고려해야 함을 도출해낼 수 있다.

이상적으로는 전략 수립 과정에 영향을 미치는 모든 요인들을 찾아내어 분석해야 하지만, 현실적으로 영향을 미치는 모든 요인을 식별하여 분석한다는 것은 불가능하다. 때문에 전략이 어떻게 결정되는지 그 과정을 확인하고 그 과정에서 가장 크게 영향을 미친 요인이 무엇이었는지 식별하여 분석하는 것이 중요하다 하겠다.

6 국방부, 국방기획관리기본훈령(국방부훈령 제2303호, 2019.8.1.); 국방부, 국방전력발전업무훈령(국방부 훈령 제2266호, 2019.3.19.)

7 J. Boone Bartholomees, Jr. edit, *U.S. Army War College Guide to National Security Issues Volume II: National Security Policy And Strategy 5th Edition* (U.S. Government US Army, 2012), p.413.

2. 해양력과 해군력, 해양전략과 해군전략의 개념

해양전략과 해양력의 개념을 정의하기 앞서 '해양'이라는 영역의 개념을 이해할 필요가 있다. 한·영사전은 '해양'을 "대륙이나 섬을 둘러싼 소금물이 있는 모든 해역을 포함하는 영역"으로, 해안, 연안, 영해, EEZ, 대양 모두를 그 영역으로 한다고 정의하고 있다.[8] 즉 해양은 해중, 해상, 해상 위의 공중 영역까지 모두 포함하는 전장 공간의 개념이다.

해양의 특성에 바탕을 둔 해양전략은 오래전부터 많은 국가에서 해양을 활용하면서 문학작품 등을 통해 나타났지만 오늘날 적용되는 현대적 개념의 해양전략은 19세기 말과 20세기 초 알프레드 마한과 줄리안 콜벳에 의해 개념이 잡혔다고 볼 수 있다.[9] 때문에 해양력과 해양전략의 개념을 이해하기 위해서는 이들의 이론을 기본적으로 이해해야만 한다.

먼저 해양력sea power의 개념이다. 안타깝게도 이 용어를 만들어낸 마한이나 용어의 개념을 발전시킨 콜벳 모두 해양력이라는 용어에 대해 명

8 반길주, 『국제 현실정치의 바다전략, 해양접근전략과 균형적 해양투사』(서울: 한국해양전략연구소, 2012), pp.186-187.

9 물론 마한과 콜벳은 그 당시, 그리고 아직까지 가장 영향력이 큰 해양 전략가들이긴 하지만 Lieutenant-Captain Berezin(러시아), John and Philip Colomb(영국), Stephen B. Luce(미국), Jurien de la Graviere(프랑스), Stepan Makarov(러시아), Curt von Maltzhan(독일) 등과 마한의 영향을 받은 일본의 Akiyama Saneyuki, Sato Tetsutaro 역시 이 분야에 지대한 공헌을 하였다. David Jordan eds., *Understanding Modern Warfare* (UK: Cambridge University Press, 2016), p.164.

확히 정의하지 않았다.[10] 단지 그들의 이론들 속에서 해양력은 특정 국가들 또는 해양국가들이 가지고 있는 그 어떤 특징으로 유추해 볼 수 있다.[11]

마한은 해양력에 대해 첫째, 생산과 통상, 둘째, 해운 그리고 셋째, 식민지라는 해외 경제발전의 요인을 고려하면서, 또 한편으로는 이를 보호하고 추진하기 위한 강력한 해군력을 총칭하여 사용했다.[12] 오늘날에도 해양력이란 일반적으로 군사적으로나 또는 통상을 목적으로 해양을 사용할 수 있도록 하는 능력이며, 적에게는 동일한 목적으로 사용할 수 없도록 하는 능력을 의미하고 있다.[13]

이와 관련하여 마한과 콜벳은 제해권command of the sea을 강조했는데, 특히 마한에게 제해권은 전략이론의 핵심적인 개념이며, 그 외의 모든 이론은 이 제해권을 확보하기 위한 종속적인 요인들일 뿐이다. 마한은 해양력이란 불가분성을 갖고 있기 때문에 세계적인 해상교통로를 지배할 수 있는 힘인 제해권을 획득하기 위해서는 오직 우세한 해군력으로 적을 결정적으로 패배시켜야 한다고 주장했다. 그는 적극적이고 공세적인 함대의 운용이야말로 해양통제권control of the sea을 확보하는 필수적인

10 마한은 Sea Power라는 새로운 용어를 사용하면서 "세인의 주목을 환기시키기 위해서" 그리고 "해군력(Naval Power)보다 광의로 사용하기 위해서"라고 하였다. Peter Paret, ed.(1986), pp.450-451.; 이종학, 『한국군사사 연구』(대전: 충남대학교출판문화원, 2010), pp.296-297.에서 재인용.

11 Goeffrey Till(2011), pp.41-43.

12 이종학(2010), p.299.

13 Herbert Richmond, *Statesmen and Sea Power* (Oxford: Clarendon Press, 1943), p.8.

요건이라고 강조했다.[14] 마한에게 있어 적 전투력을 격멸함으로써 제해권을 장악하는 것, 그것은 해군의 주요 임무였고 이를 다루는 것이 해군전략海軍戰略·전술戰術이었다.

〈그림 1-4〉 해양력의 구조[15]

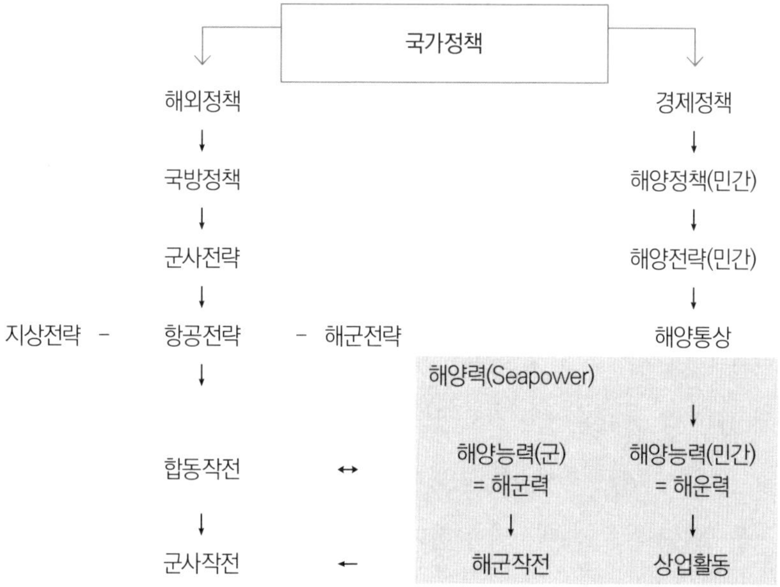

콜벳 역시 제해권을 강조하였으나, 마한과는 달리 제해권은 전시 상황에만 존재하며 평시에 제해권을 확보했다고 하는 것은 〈a〉 유리한 위치를 확보하였고, 〈b〉 해상전이 발발할 경우 해상교통로 수호를 위한 충

14 Alfred Thayer Mahan 저, 이윤희·김득주 역, 『해군전략론』(서울: 동원사, 1974), p.10.

15 Geoffrey Till(2009), p.44.

분한 함대전력을 갖췄다는 의미의 비유적 표현이라고 의미를 축소하였다. 콜벳은 제해권에 대해 "적이 절대적으로 아무것도 할 수 없음을 의미하지는 않지만, 우리가 전쟁의 목적을 얻으려고 하는 것이나 우리의 의지를 그곳에 투사하려는 시도에 대해 적이 중대한 간섭을 할 수 없다는 것을 의미"한다고 정의[16]하였다. 그는 또한 『해양전략론』의 그린 팸플릿Green Pamphlet을 통해 대전략의 일부, 전쟁술의 일부인 해군전략 또는 함대전략은 '통항과 교통'이라는 용어로 축소하여 설명할 수 있다고 하였다.[17]

결국 마한과 콜벳의 이론을 종합해보면 해양력은 첫째, 육·공군을 포함한 타군들의 현재적이고 잠재적인 능력은 물론, 비군사적인 측면의 해양이용을 포함한다. 둘째, 해양력은 절대적이라기보다는 어떤 국가들이 다른 국가들보다 많이 가지고 있다는 것과 같은 상대적인 개념으로 볼 수 있다. 따라서 해양력 개념의 한편에는 민간/해양차원, 다른 한편으로는 공군 및 지상군, 해군과의 상호작용이 포함되며, 이러한 해양력의 불완전성과 모호성 때문에 오늘날 해양력을 표현하기 위해

16 Julian Corbett, *Some Principles of Maritime Strategy* (The Perfect Library, 1911), pp.230-232.

17 콜벳은 "해군전략은 지식의 독립된 분야로 존재하지 않으며, 전쟁술의 세부항목일 뿐"이라며 "해군전략의 연구절차는 일반적인 전쟁이론을 개략적으로 파악하여 전체적인 전쟁술과 해군전략과의 정확한 관계를 규명하는 것"이라고 하였다. 그는 목표 달성을 위한 전력의 지향술(art of directing force to the ends)을 전략으로 보면서, 전략은 목표의 성격에 따라 최종목표를 다루는 주전략(Major Strategy)과 주요 목표를 다루는 보조전략(Minor Strategy)로 분류하였다. 여기서 주전략은 전쟁계획 분야를 수반하며, 이 주전략이 해군 및 육군전략의 상대적인 기능을 결정한다고 보았다. Julian Corbett저, 김종민·정호섭 공역, 『해군전략론』(서울: 한국해양전략연구소, 2009), pp.340-341.

maritime power와 sea power를 혼용해 쓰기도 한다.[18] 〈그림 1-4〉는 이러한 해양력의 개념과 구조를 나타내주고 있다.

특히 과학과 기술의 발전, 세계화 추세 등에 의해 해양이 지니는 영향력의 범위와 크기가 점점 확대됨에 따라 〈그림 1-5〉와 같이 해양력과 해양전략의 개념도 바뀌기 시작했다. 예전에는 해군력 중심의 해양력sea power과 해군전략naval strategy이 중심을 이루던 해양전략 개념이었다면 이제는 정치, 경제, 사회, 문화 등의 의미까지 포함하는 포괄적인 해양력maritime power과 해양전략maritime strategy 개념이 된 것이다. 이런 의미에서 해양전략은 국가안보전략 수준으로까지 해석되기도 한다.

〈그림 1-5〉 해양전략과 해군전략의 개념 변화[19]

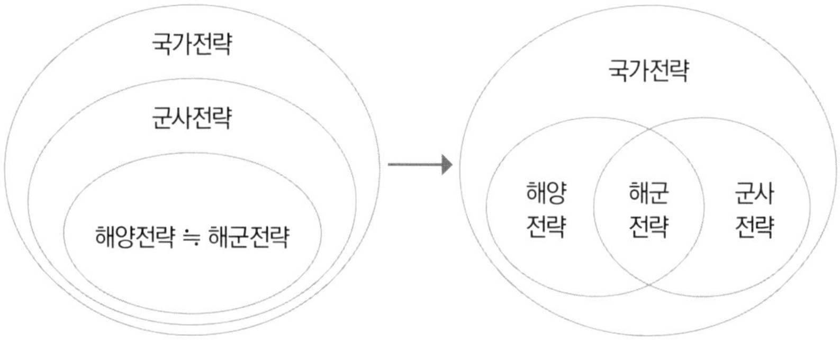

18 Goeffrey Till(2011), pp.44-47. 해양력 정의에 대한 어려움에 대해서는 Geoffrey Till, *Maritime Strategy and the Nuclear Age* (London: Macmillan Press, 1984), pp.11-14. 에서 지적된 바 있다.

19 해군 전력분석시험평가단(2017), p.121.

이 때문에 엄격히 말한다면 오늘날 해양전략은 해군전략과 동일한 개념은 아니다.[20] 해군전략은 군사전략목표를 달성하기 위해 군사적 의미의 해군력을 사용하는 전략으로 한정될 수 있지만, 해양전략은 국가목표를 달성하기 위해 해군력을 포함한 다양한 해양력을 사용하는 포괄적 개념으로 더 높은 수준의 전략이기 때문이다.[21]

그럼에도 불구하고 오늘날까지 해양전략과 해군전략은 같은 개념으로 인식되고, 사용되고 있는 것이 사실이다. 박호섭은 해군전략과 해양전략이 동의어로 인식되고 사용될 수 있는 이유를 다음과 같이 제시하였다.[22] 첫째, 해양력을 상대방에게 미치는 영향력으로 본다면 직접적인 영향력을 행사할 수 있는 것이 해군력이기 때문이다. 둘째, 해양전략을 안보중심으로 생각한다면 해군전략의 영역과 상당 부분 일치하기 때문이다. 셋째, 과거 군사력에만 한정되었던 해군력의 역할이 외교, 경찰 등

20 하텐도르프(John B. Harttendorf)는 "해양전략은 해양에서의 모든 국가 활동 및 이익과 관련된 국가의 대전략이자, 국익과 관련된 모든 형태의 해양에서의 국력"을 의미하는 반면 해군은 이의 하부개념으로 해양전략에 포함된다고 주장하였다. John B. Harttendorf, *Naval History & Maritime Strategy* (Malabar: Kreiger Publishing Co., 2000), pp.235-236. 해양전략가 햄맨(Gerd Hamman) 역시 『아시아에서의 해양전략(Maritime Strategy in Asia)』을 통해 "해양전략은 전·평시, 그리고 위기시의 총력전략의 일부로서 해양정책에 따라 국가 해양이익을 증대시키기 위한 정치적 행동지침"이라고 광의적 개념을 주장하였다. 박호섭(2006), p.37.에서 재인용.

21 한국해군 역시 이러한 개념인식의 연장선상에서 '해양전략이란 국가목표를 달성하고 국가정책을 수행하기 위하여 평시 및 전시에 국가의 해양력을 운용하고 해양을 사용하는 술(art)이며 과학(science)'이고, '해군전략이란 국가전략에 의해 결정된 목표 또는 해양전략의 목표를 달성하기 위하여 해군력을 운용하는 술이며 과학'이라고 정의하고 있다. 해군 전력분석시험평가단(2017), p.120.

22 박호섭(2006), pp.38-39.

으로 확대되어 이제 해양전략과의 경계가 모호해졌기 때문이다. 즉, 해양력 개념의 본질적 모호성과 현대 해군력의 역할 확대에 따라 해군력을 다루는 해군전략과 해양력을 다루는 해양전략의 경계가 모호해지면서 오늘날까지도 해군전략은 해양전략의 핵심 개념으로 자리 잡고 있는 것이다. 이러한 연장선상에서 1961년 미 해군에서는 "해양전략의 목표는 국가목표를 달성하기 위해 해양사용을 지속적으로 보장하는 것"이라며 해양전략의 목표와 해군전략의 목표를 동일시[23]하는가 하면, 1986년에는 새로운 미 해군전략을 발표하면서 「The Maritime Strategy」로 명명[24]하며 해양전략과 해군전략을 동일시하여 사용하기도 하였다.

3. 해양력과 해양전략의 구성요소

비록 해양력과 해양전략의 정의에 대해서는 다소 이견이 있지만, 해양력의 구성요소에 대해서는 해양전략가들 모두가 유사하게 인식하고 있다.[25] 먼저 마한은 해양력에 영향을 주는 조건을 지리적 위치, 자연조

23 Department of the Navy, NWP10(A), *Naval Warfare* (Washington D.C.: Department of the Navy, 1961), pp.4-3~4-4.

24 James D. Watkins, "The Maritime Strategy", Naval Institute, *Proceedings* (January 1986), p.4. 미국의 부시 대통령 집권시 미해군 340척 규모로 확대할 때 해군전략 대신에 해양전략이라는 표현을 사용한 바 있다.

25 Geoffrey Till(1984), p.12.

건, 영토의 크기, 인구수, 국민성, 정부의 성격 등 6가지로 제시하였고[26] 해양력을 구성하는 세 가지 고리inter-locking circles를 생산, 해운업, 식민지로 보았다.[27] 리치몬드Herbert Richmond와 로스킬 해군대령Captain Stephen Wentworth Roskill, 웨그너 제독Rear Admiral Edward Wegener 역시 이와 유사한 주장을 하였다.[28]

〈표 1-1〉 해양력의 구성요소

<table>
<tr><th>마한</th><th>리치몬드, 로스킬</th><th>웨그너</th><th>제프리 틸</th></tr>
<tr><td rowspan="2">(해양) 인구수</td><td rowspan="2">전투도구
(숙련된 인력)</td><td rowspan="2">함대</td><td>인구, 사회 및 정부</td></tr>
<tr><td>해군</td></tr>
<tr><td>정부의 성격</td><td rowspan="3">해운업</td><td rowspan="3">해양사상</td><td>해양경제</td></tr>
<tr><td>자연조건</td><td>자원</td></tr>
<tr><td>국민성</td><td>기술</td></tr>
<tr><td>지리적 위치</td><td rowspan="2">식민지</td><td rowspan="2">위치</td><td rowspan="2">해양지리</td></tr>
<tr><td>영토의 크기</td></tr>
</table>

26 Alfred Thayer Mahan 저, 김주식 역, 『해양력이 역사에 미치는 영향1』(서울: 책세상, 2006), pp.76-143.

27 Ibid., pp.75-76.

28 리치몬드와 로스킬은 해양력을 구성하는 요소로써 해운업, 식민지(해외기지), 전투도구(숙련된 인력) 등 세 가지를 제시하였고, 웨그너 제독은 함대, 위치, 해양사상으로 구성된다고 보았다. Richmond, H. W. *Statesmen and Sea Power* (Oxford: Clarendon Press, 1946), p. x.; Roskill, Captain, S. W. *The War at Sea 1939-1945, vol 1* (London: HSMO, 1954), pp.6-7.; Wegener, Rear Admiral Edward, *The Soviet Naval Offensive* (Annapolis: Naval Institue Press, 1975), pp.2-4. Geoffrey Till(1984), p.14.에서 재인용.

해양전략의 핵심 개념인 제해권에 대해서도 〈그림 1-6〉에서 보는 것과 같이 어느 정도의 통일된 개념이 정립되어 있다. 제해권은 해양의 사용과 통제를 중심개념으로 하는데, 이는 결전decisive battle, 현존함대 fleet in being 및 함대봉쇄fleet blockade에 의해 성취된다는 것이다.[29] 그리고 제해권이 확보되면 물자와 인력 등을 생산하거나 수송하는 등의 연안 임무와 통상, 해군력 투사, 해군외교, 전략적 억지 등을 통해 이를 행사할 수 있다.

〈그림 1-6〉 해양전략의 구성 성분[30]

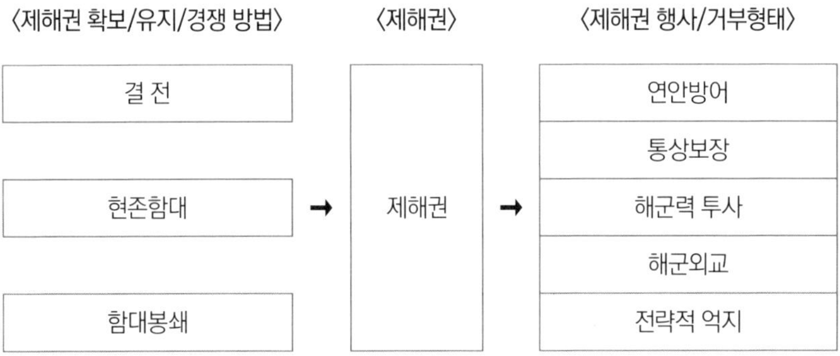

29 결전은 가용한 해군세력을 집중하여 적 해군세력을 격멸(destroy)한다는 개념이고, 현존함대전략은 상대적으로 열세한 함대가 결전을 회피하고 세력을 보존함으로써 적의 전투 또는 공격 의지를 결제하는 개념을 말한다. 함대 봉쇄는 적함대를 항구 내에 봉쇄하는 전략을 말한다. 강영오(1998), pp.27-28.

30 Geoffrey Till(1984), p.15.

4. 해군력과 해양전략의 분류 기준

해군력과 해양전략은 다음과 같은 기준에 의해 분류될 수 있다. 먼저 해군력 분류 기준 첫 번째는 가장 기본적이고 전통적 기준으로 사용되는 지리적인 도달거리이다. 해군력은 지리적 도달거리에 따라 다음의 4가지 유형으로 구분된다. 첫째, 활동의 범위가 영해領海를 비롯한 영토의 인접 해역으로 한정되는 연안해군이다. 둘째, 주변국의 인근 해역을 포함하여 특정 지역의 해역 이내에서 활동하는 지역해군이다. 셋째, 지리적으로 자국이 속한 특정 지역을 넘어서서 원해遠海에서 작전을 수행할 수 있는 대양해군이다. 마지막은 세계 어느 해역으로도 배치, 동원되어 다양한 전투·비전투 임무의 수행이 가능한 세계해군이다.

해군력 분류 기준 두 번째는 국력의 수준이다. 국력의 수준은 해군력이 해당 국가의 국력수준을 그대로 반영하게 됨을 전제로 하여, 각국이 보유한 유무형적인 역량의 크기, 국제질서에서 차지하는 위상 등을 기준으로 해군력을 분류, 유형화한 것이다. 첫째, 약소국 해군은 소수의 연안 경비, 초계용 함정만을 보유한다. 둘째, 개발도상국 해군은 10척 이내의 주력 군함과 다수의 연안경비 및 초계함정, 비전투 지원함정을 보유한다. 셋째, 중견국 해군은 10척 이상의 주력 군함을 비롯한 총 50~100척 이상의 함정들을 보유한다. 넷째, 강대국 해군은 항공모함을 포함하는 다수의 중·대형 군함들을 보유하여 자국 이외 지역의 대양에서 장기간 기동, 활동할 수 있다. 마지막 초강대국 해군은 전 세계의 주요 해역들을 대상으로 다수의 해상 분쟁에 동시 대응이 가능하다.

해군력 분류 기준 마지막은 임무수행 능력이다. 해당 국가의 해군의 임무를 크게 방어Defense와 군사력 투사Power Projection로 나누고, 이를 지리적인 도달거리에 적용시켜 세분화한 것이다.

〈표 1-2〉 해군력의 분류[31]

지리적인 도달거리	국력의 수준	임무 수행능력
연안해군 (Coastal Navy) 지역해군 (Regional Navy) 대양해군 (Ocean-going Navy) 세계해군 (Global Navy)	약소국 해군 (Minor Power Navy) 개발도상국 해군 (Developing Power Navy) 중견국 해군 (Middle Power Navy) 강대국 해군 (Major Power Navy) 초강대국 해군 (Super Power Navy)	상징적 해군 경찰적 해군 연안방어 해군 근해방어 해군 근해 군사력 투사 해군 지역 군사력 투사 해군 세계 군사력 투사 해군

반면 해양전략은 해군력의 규모와는 다소 다른 기준으로 구분된다. 해양전략은 일반적으로 전략을 구현할 수 있는 범위와 능력, 목표 등에 따라 크게 두 가지로 나뉜다. 앞서 마한의 이론이 거의 그대로 반영된 제해권을 중시하는 해양학파의 해양전략 이론과, 독일, 프랑스 등 대륙

31 각각의 구분 기준과 정의는 해군 전력분석시험평가단(2017), pp.112-113.

국가를 중심으로 한 대륙학파의 해양거부 이론이 그것이다.[32] 전자는 절대적 제해권 확보command of the sea를 목표로 해양통제sea control, 해양력 투사maritime power projection 등을 적극적으로 구현하고자 하는 공세적 전략[33]인데 반해, 후자는 연안과 일정 해역 등에서의 우세와 적 사용 거부sea denial만을 목표로 연안방어coastal defense, 통상파괴commerce destruction 등 제한된 수중능력만을 사용하는 소극적 전략으로 볼 수 있다.[34]

이 두 가지의 분류는 다시 콜벳Julian S. Corbett이 주장한 해전과 해양전략의 세 가지 구성요소, 즉 목적object과 수단means, 방법method으로

32 강영오, 『해양전략론, 이론과 적용』(서울: 한국해양전략연구소, 1998), pp. 19-30. 최근에는 이러한 이분법에서 나아가 이 둘의 중간단계의 전략, 즉 중급 해군 국가가 선택할 수 있는 해양접근전략(Sea access)으로 더욱 세분화하기도 한다. 해양접근전략은 연안거부(coast denial strategy)보다는 적극적이고 확대되었으나, 해양지배(command of the sea strategy)보다는 수세적이고 축소된 목표중심의 해양전략이다. 제한된 특정 영해에서의 제해권 확보를 위해 균형화전략(the balanced strategy)과 해양투사전략(the sea strike strategy)을 구사하는 해군전략을 의미한다. 반길주(2012), pp.181-197.

33 적극적 개념의 해양전략(Maritime Strategy of Sea Power)은 해양통제(Sea Control), 해양강습(Sea Strike), 전방현시(Forward Presence), 전략적 억지 및 유도탄 방어 등에 중점을 두는 것이다. 해양통제는 공세적 개념의 함대결전과 해양봉쇄, 그리고 수세적 개념의 해상교통로 보호(선단호송 등) 등을 모두 포함한다. 해양강습은 함포사격, 유도탄 투사, 전술항공투사 및 상륙돌격투사 등을 포함하며, 전방시위는 해군력을 통해 전쟁에 이르지 않고 정치적 목적을 달성하는 것으로 통상 예방적 전개(Preventive deployment)와 반응적 전개(Reactive deployment)를 실시한다. 강영오, 『안보, 군사 및 해양전략의 혁신』(서울: 도서출판 신우, 2012), p.110.

34 대륙해양전략(Continetal Strategy of Sea Power)은 연안방어(Coastal Defense)와 통상파괴(Commerce Destruction)를 실시하는 해양거부(Sea Denial), 전략적 억지(Strategic Deterrence) 등에 중점을 두는 것이다. 해양거부란 적이 원하는 방향으로 바다를 사용하지 못하도록 연안방어와 해상교통로 교란에 중점을 두고 해군력을 운용하는 것을 의미하고, 전략적 억지란 SLBM의 제2격 능력에 중점을 두어 적이 이러한 능력을 발휘할 수 없도록 제한하는 것을 의미한다. 강영오(2012), p.110.

세분화하여 본다면 보다 선명해질 수 있다.[35]

먼저 첫 번째로 해전과 해양전략의 목표가 무엇인가 하는 것이다. 마한식의 적극적이고 공세적인 제해권 추구이냐, 아니면 프랑스가 영국과의 해전에서 자주 택했던 결전을 회피하거나 연기하여 유리한 상황을 조성하고자 하는 현존함대 전략이냐에 따라서 적극적 소극적 여부를 판단하는 것이다. 두 번째로 해전과 전략을 수행하는 수단, 즉 함정과 잠수함, 항공기 등과 함대의 유형이 무엇인가 하는 것이다. 콜벳은 함정의 등급은 전략적, 전술적 사상의 실제적인 표현이고, 또 그렇게 되어야 한다고 말한다.[36] 이는 함정 등급과 유형을 통해 해당 국가의, 그리고 시기의 해양전략을 확인할 수 있다는 것이다. 마지막 세 번째는 전략목표를 달성하기 위하여 수단을 운용하는 방법으로, 전력의 집중과 분산으로부터 해양전략을 확인하는 것이다. 해전에서의 집중은 적절한 시간과 장소에 적절한 기동성과 융통성으로 집결을 완료하는 것이다. 해전에서 지

35 콜벳은 제해권 확보를 목적으로 해군의 독자적 수행능력을 강조했던 마한과 달리 제한전으로서의 해전의 본질을 토대로 지상군과의 합동작전을 강조하며 해양전략을 체계화한 전략가이다. 이후 해양전략은 버나드 브로디, 세르게이 골시코프, 제프리 틸 등 핵무기, 미사일 등 전략환경의 변화와 해양력 범위의 확대에 따라 좀 더 포괄적인 형태로 연구되었는데, 본 연구에서는 해양력과 해양전략의 범위를 해군을 중심으로 하는 협의의 개념으로 다루고 있기 때문에 콜벳의 기준을 적용하였다. 라이크(A. F. Lykke) 역시 콜벳과 같이 전략 개념을 목표(ends), 방법(ways), 수단(means)으로 구성된다고 보았는데, 그는 여기서 목표란 군사적 목표(military objective), 방법은 방책(course of action)과 개념(concept)으로, 수단은 도구(instrument)와 자원(resources)라고 설명하였다. 그는 또한 목표, 수단, 방법에는 현실적인 위험이나 제한점(risk)이 따르기 때문에 전략을 달성하는 것이 어렵다고 주장했다. Harry R. Yager,"Toward an Understanding of Military Strategy", *Guide to National Security Issues Volume Ⅰ*(June 2008), pp.43-49.

36 Julian Corbett(1911), p.75.

휘관의 의도에 따라 가능한 넓은 해역을 망라하여 임무를 수행하는 것이 분산이라고 한다면, 기습을 막고 열세한 상태를 신속히 전환하고 대응하기 위해 필요한 시간과 장소에서 2~3개 기동 조직을 전략적으로 결합시키는 것이 집중으로 볼 수 있다. 집중이 전제되지 않은 순수한 분산 그 자체는 자신이 공격하는 대신 적이 공격해 오기를 기다린다는 의미에서 순수한 방어적 태세, 즉 소극적 전략을 의미한다.[37]

37 Ibid., pp.89-103.

II. 해양전략 결정요인에 관한 이론적 논의

1. 국제협력 및 동맹론

왈츠Kenneth Waltz, 미어샤이머John Mearsheimer, 길핀Robert Gilpin 등으로 대표되는 신현실주의에 따르면 국제사회는 국가와 달리 공식적인 중앙 권력이 존재하지 않는 무정부anarchy 상태이기 때문에 각 주권국가는 생존을 위해 자국의 이익을 스스로 추구해야만 한다.[38] 즉 국제사회의 불확실성에 따른 국가 간 신뢰의 부족은 각 국가의 끊임없는 군사력 확장을 가져오는 안보 딜레마를 가져오는 것이다.

이러한 딜레마를 극복하기 위해 각 국가들은 내부적으로는 경제력과 군사력을 증강시키고 외적으로는 더 강한 국가 혹은 연합체들과 동맹 혹은 연맹하면서 국제관계의 균형을 이루려 노력한다. 국제관계에 있어 전자를 내적균형, 후자를 외적균형이라 구분한다.[39]

자주국방의 의미는 '자국의 국방태세를 타국에 의존하지 않고 자주

38 국제사회의 무정부성에 대한 기본적 인식은 토마스 홉스, 클라우제비츠, 투키디데스 등의 현실주의 이론에 기원을 두고 있다. Edward A. Kolodziej(2005), pp.48-76.

39 내적균형과 외적균형은 왈츠에 의해 처음 사용된 개념으로, 왈츠는 내적균형 노력이 외적균형 노력보다 더 확실하고 신뢰성이 있는 방법으로 보았다. Kenneth Waltz, *Theory of International Politics* (Reading, Mass: Addison Wesley, 1979), pp.118-168.

성을 가지고 자기 책임하에 실행하는 것'[40]이다. 보다 포괄적으로는 '외부의 침략으로부터 국민의 생명과 재산, 영토, 주권 그리고 기본가치를 군사적으로 안전하게 보위하되, 이를 다른 나라에 의해 부당하게 통제 또는 강요됨이 없이, 자국의 자조적 의지와 자립적 능력, 그리고 자율적 행위에 기초하여 성취, 달성하는 것'[41]이다. 즉, 자주국방은 결국 외부의 간섭이 없는 상태에서 스스로의 의사에 따라 국가의 국방정책, 군사력 건설 및 운용에 대해 결정하고 주체적으로 집행하는 것을 의미한다.[42]

이러한 자주국방은 왈츠가 주장한 것처럼 가장 확실하고 외적균형보다 신뢰성 있는 방법이긴 하나 현실적으로 막대한 비용이 소요된다는 점에서 불가능하다고 볼 수 있다.[43] 또한 무정부 상태인 국제사회에서 안보란 절대적인 것이 아니라 상대적인 것인데, 자위를 위한 군사력 증강이 타국에 영향을 미치게 되고, 이는 다시 군비경쟁을 부르는 안보 딜레마를 초래하기 때문이다. 때문에 국가들은 집안안보체제나 군사동맹을 통해 외적균형을 동시에 추구하고자 하는 경향을 보이게 된다.

특히 한국의 경우에는 '북한'으로부터의 재래식 무기와 핵을 비롯한 비대칭 위협 등 상존하는 위협 요인과 더불어, 남중국해 등 영토분쟁 등의 갈등요인으로 군비경쟁이 가장 두드러지게 나타나는 동북아시아의 지정학적

40 김강녕, "자주국방 비전과 국방비 적정규모", 「한국군사」 제17호 (2003.9), p.196.

41 권태영·서주석, 『자주국방개념연구』, (서울: 한국국방연구원, 1996)

42 문정인·김기정·이성훈 편, 『협력적 자주국방과 국방개혁』(서울: 오름, 2004), p.201.

43 왈츠는 냉전 시기 미국과 러시아의 경우 내부적 역량에 의해 자위(self-defense)할 수 있는 유일한 국가들이라고 보았다. Kenneth Waltz(1979), p.168.

환경, 전 세계적인 테러 등 초국가적 위협 등으로 인해 국방소요가 과거에 비해 많이 증가한 상황이다. 그러나 이에 반해 예산편성 지침, 예산당국과의 협상, 국회의 최종확정 단계라는 3중 구조로 국방비 부담률은 세계 평균3.5%에도 미치지 못하는 2.7% 수준에 머무르고 있다.[44] 이러한 국방비 확보의 어려움 등으로 한국은 미국과의 동맹 강화 등의 외적균형 방법을 동시에 추구하면서 이러한 문제점을 해결해 왔다.[45] (〈그림 2-1〉의 군사동맹의 이점 참고) 이렇게 한국을 포함한 많은 국가들은 동맹, 다자안보협력체 등의 외적균형을 통해 자주국방의 딜레마와 단점을 해소하고 있는 것이다.

왈트Stephen Martin Walt에 따르면 동맹은 둘 혹은 그 이상의 주권국가들끼리 안보에 관해 공식적 혹은 비공식적으로 합의한 연합을 말한다.[46] 동맹은 적대국가adversary power의 위협에 대처하기 위해 형성되는데, 대응balancing과 편승bandwagoning의 두 가지 형태로 전개된다.[47] 대응은 다른 국가들과의 동맹을 통해 적대국가의 위협에 맞서는 것을, 편승은 적대국가와 맞서는 것을 피하기 위해 오히려 적대국가의 입장에 동조하거나 동맹을 맺는 것을 의미한다.

44 박주현·성채기 외, 『참여정부의 국방비전과 적정국방비』(서울: 한국국방연구원, 2004)

45 2004년 3월 발간된 『평화번영과 국가안보: 참여정부의 안보정책구상』은 한·미동맹 강화와 우리 자체 방위역량의 상호보완성을 추구하고자 하였다. 국가안전보장회의는 이 문서를 통해 오늘날 세계 어느 국가도 오로지 자국국방만을 통해서 국가생존을 완벽히 보장할 수 없다는 점을 강조하면서, 한미동맹과 자주국방의 병행을 통해 국가의 생존과 국민의 안전을 보장하는 것이 '협력적 자주국방의 핵심'이라고 설명하였다. 문정인 등(2004), p.49.

46 Stephen Martin Walt, *The Origins of Alliance* (Ithaca and London: Cornell University Press, 1990), p.12.

47 Ibid., pp.21-26.

적대국가의 정책과 의도에 따라 국가의 운명이 좌우될 수 있기 때문에 동맹의 형태는 대부분의 경우 대응으로 나타난다. 하지만 적대국가의 위협을 피해 생존과 안전을 확보하는 방어적 차원이나 적대국가와 침략의 전리품을 나누어 가지기 위한 공격적 차원에서 편승이 발생하기도 한다. 특히 위협국가와 인접한 국가가 상대적으로 적대국가에 비해 크게 약하고, 적대국가에 대한 대항 동맹 결성이 쉽지 않을 경우에는 편승전략을 선택할 수밖에 없다. 그러나 편승전략을 택한 국가는 위협국가의 영향권으로 흡수되고, 나아가 조공국가나 식민지 또는 병합의 운명을 맞이할 수 있다는 위험성을 지닌다.[48]

〈그림 2-1〉 군사동맹의 이점[49]

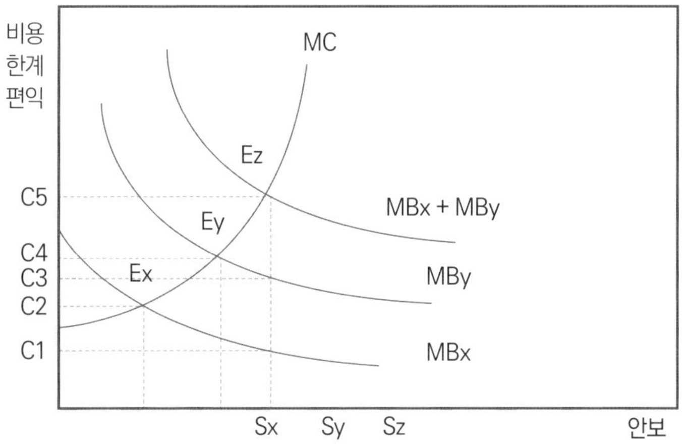

48 김동성, 『한반도 동맹구조와 한국의 신대외전략』(서울: 한울아카데미, 2011), pp.30-31. 6·25전쟁 이후 한국은 자국의 운명을 다른 국가에 맡긴다는 편승전략의 위험성에도 불구하고 북한 위협에 대응하기 위한 유일한 대응전략으로 미국으로 편승하는 전략을 선택할 수밖에 없었다.

동맹은 다양한 기준에 의해 분류될 수 있는데 스나이더에 따르면 동맹의 시기에 따라서는 평시동맹과 전시동맹으로, 성격에 따라서는 공격적 혹은 방어적 동맹으로, 지속기간에 따라서는 한시적 혹은 영구적 동맹으로, 동맹국의 수에 따라서는 양자, 다자 동맹으로, 동맹의 형식과 유형에 따라서는 중립조약neutrality treaty, 불가침조약nonaggression treaty, 협상ententes, 상호원조조약mutual assistance treaty, 연합coalition, 긴장완화detente, 친선관계rapproachment 등으로 나눌 수 있다고 하였다.

동맹에 관한 연구는 크게 동맹을 종속변수로 놓고 이를 설명하는 독립변수를 찾으려는 연구와, 반대로 동맹을 독립변수로 놓고 동맹의 영향을 분석하는 연구로 나누어 볼 수 있다. 전자에는 동맹의 형성과 대상, 지속, 유지, 붕괴와 해소 등에 영향을 미치는 원인과 과정 등에 관한 연구가 이에 해당하고, 후자에는 동맹이 국제관계, 각국의 국내정치에 미치는 영향 등을 연구한다고 할 수 있다. 이 밖에도 동맹국간 의사결정과정, 군사력의 사용양태, 전략조정문제, 군사력 주둔문제, 군사작전의 범

49 두 국가 국민들의 안보에 대한 수요함수(선호도)가 같은 약소국 x와 강대국 y가 동맹한다고 가정했을 때, 표와 같이 y국 국민들의 한계편익곡선의 수직합이 x국의 그것보다 더 크다. 그림에서 MBx는 안보에 대한 x국의 한계편익곡선, MBy는 Y국의 한계편익곡선이고, MBx + MBy는 x, y국의 한계편익곡선을 수직으로 합한 것이다. 이럴 경우 최적 안보생산은 MC = MBx + MBy가 되는 Sz에서 결정된다. 이를 통해 양국이 더 적은 비용으로 더 큰 안보를 향유함을 확인할 수 있다. 즉, X국은 Ex점에서 균형하고 Sx만큼의 안보를 생산하였을 때 비용은 C2였으나 동맹 후 Ez점에서 균형하고 Sz만큼의 통합안보력을 생산하면서도 C1의 적은 비용을 내고 있다. y국 역시 Ey점에서 균형하고 Sy만큼의 안보를 생산하면서 C4의 비용을 냈으나, 이후 C3만 부담하게 된 것이다. 이성연, 『국방경제론Ⅰ』(서울: 대명출판사, 2000), pp.318-320.

위문제, 적의 식별 및 대처 문제 등도 중요하게 연구되고 있다.[50]

스나이더Glenn Herald Snyder[51]는 미래 전망이 불확실하고 여러 국가의 이해관계가 얽힌 다극체제의 국제관계 속에서 동맹이 유지되기 위해서는 각 국가들이 동맹과 적의 관계를 동시에 고려하고 있다고 보았는데, 이를 '억지이론deterrence theory'과 '나선이론spiral theory'을 통해 설명하였다. 억지이론에서는 만약 한 국가가 강한 태도를 취한다면 적은 물러서거나 공격을 취소하려 하겠지만, 반대로 협조적이고 화해적인 모습을 보인다면 적은 그것을 약함으로 인식하여 더 강하게 반응할 것이라고 말한다. 이와 다르게 나선이론에서는 강한 정책은 적을 위협하고 자극하기 때문에 적으로 하여금 더 강한 정책을 채택하도록 하는 반면, 수용적 태도는 적을 안심시켜 상호 협력을 이끌어낸다고 주장한다. 때문에 두 이론은 각각 다른 정책 성향억지이론은 강한 정책, 나선이론은 수용 정책을 보인다. 이와 관련해 저비스는 적의 성향 역시 중요하다고 보았는데, 적이 공격적이라면 강한 억지가 필요하고, 그 반대라면 협력적으로 대해야 한다고 주장하기도 하였다.[52]

때문에 동맹과 적과의 관계는 안보딜레마를 유발시킨다. 그중 하나가

50 전재성, "동맹이론과 한국의 동맹정책", 「국방연구」 제47권, 제2호(2004.12.)

51 Glenn Herald Snyder, *Alliance Politics* (Cornell University Press, 2007), pp.192-199.

52 이러한 성향은 오늘날 외교정책에서 억지이론의 가정과 결론을 선호하는 '매파'와, 나선이론에 기반한 '비둘기파'로 나누어져 나타나고 있기도 하다. Robert Jervis, *Perception and Misperception in International Politics* (Princeton, NJ: Princeton University Press, 1976), 3장. 코헨은 대치하는 국가 간의 관계에서 실제 위협의 의도나 능력과 더불어 '위협인식' 역시 반드시 고려되어야 하며 이러한 인식과정에서의 상호 오해나 판단오류 등이 전쟁과 같은 충돌을 유발할 수 있다고 지적하였다. Raymond Cohen, *Threat Perception in International Crisis* (Wisconsin: University of Wisconsin Press, 1979), pp.12-14.

'억지deter 대 규제restrain' 딜레마이다. 국가는 적국을 억지시키기 위해서는 강함을 보여주지만, 동시에 동맹국들에게는 동맹에 대한 충성도를 보여주면서 침략 의도가 없음을 보여주려 한다. 하지만 실제 각 국가에 다른 메시지를 전달하는 것은 매우 어려울 뿐만 아니라 의도와 다른 오해를 일으키기 쉽다. '지지support 대 회유conciliate' 딜레마 역시 유사한 결과를 보여주는데, 국가는 동맹국들과 굳건한 동맹을 유지하면서도, 필요시 동맹국의 적들과도 합의 조정이 필요할 수 있는데, 이럴 경우 기존 동맹국들에 다른 오해를 불러일으킬 소지가 있는 것이다. 이러한 상황들은 동맹국들의 동맹 의존도, 능력, 그리고 적국들과의 갈등의 정도 등에 따라 다르게 나타나게 되는데, 특히 전쟁과 같은 갈등 상황에서 가장 두드러지게 나타난다. 그리고 각 국가들은 이러한 상황 인식에 기반하여 정책을 결정하게 된다.[53]

또한 스나이더는 동맹과 국제 안보구조와의 상관성 역시 설명했는데, 그에 따르면 안보구조의 속성상 상대방적국과 동맹국들의 의도파악, 연루와 방기의 위험성 등 체제 속성에 따라 다극체제에서보다 양극체제에서 동맹이 더욱 안정적이며 굳건해진다고 보았다. 그는 양극체제에서 방기의 위험이 감소하고, 동맹국간 이견은 있을 수 있어도 의도파악 등이 용이하기 때문에 동맹이 더욱 길게 지속되고, 굳건하다고 주장했다.[54] 특히

53 Glenn H. Snyder(2007), p.198.

54 국제 안보구조의 안정성에 대해서는 힘의 분포 등을 강조하는 현실주의자 내에서도 다양한 의견이 존재한다. 예를 들면 모겐소는 다극체계에서는 각 국가 간 복잡한 연관성에 대한 우려 때문에 상호 간 전쟁을 자제하여 오히려 더 안정적이라고 본 반면, 케네스 왈츠는 오히려 같은 동맹끼리의 유사성, 인식 등의 공유로 국제시스템의 불확실성을 감소시켜 주는 효과 때문에 양극 체계가 더 안정적이라고 본 것이다. Hans J. Morgenthau. *Politics among Nations: The Struggle for Power and Peace* (New York: Alfred A. Knopf, 1963); Kenneth N. Waltz, *Theory of International Politics*(New York: McGraw-Hill, 1979)

한국은 한미동맹을 제외하고는 안보 문제를 설명할 수 없는 역사적 특수성을 지니고 있다. 또한 한국의 지정학적 특수성은 다음에서 설명할 다자안보협력 역시도 고려하도록 만들었다.

동맹이 주권국가들끼리의 공식, 비공식 합의한 연합체로 비교적 쉽게 정의되고 있는 반면, 다자안보협력이론은 '다자주의multilateralism'와 '안보협력이론'의 합성어로서 3개국 이상이 참가하고 전통적 안보 개념인 집단방위collective defense와 집단안보collective security보다는 공동안보common security·포괄안보comprehensive security·협력안보cooperative security 개념에 입각한 비교적 복잡한 개념이다.

다자주의는 코헤인Robert O. Keohane의 명목적 다자주의와 러기John Gerard Ruggie의 실질적 다자주의 개념으로 구분되는데, 명목적 다자주의란 '다수의 국가 참여'라는 형식에 중점을 두고 3개국 이상의 국가들이 정책을 조율하는 활동을 뜻하는 반면, 실질적 다자주의란 내용에 강조점을 두고 '일반화된 행위의 원칙에 기초'하여 3개국 이상의 국가들이 정책을 조율하는 형태를 뜻한다.[55]

안보협력이론은 〈표 2-1〉과 같이 동맹체의 성격에 따라 상대적으로 대결적이고 무력적 방법을 선호하는 전통안보개념과 협력과 평화적 해결을 중시하는 신안보개념으로 구분될 수 있다.

55 John Gerard Ruggie, "Multilateral: The Anatomy of an Institution", *Multilateralism Matters: The Theory and Praxis of an Institutional Form*(New York: Columbia University Press, 1993), p.6.

〈표 2-1〉 전통안보와 신안보 개념 요약[56]

구분	명칭	개념
전통안보	집단방위(Collective Defense)	NATO, 구 WTO, 한미/미일동맹 등
	집단안보(Collective Security)	UN(적대행위국을 적으로 응징)
신안보	공동안보(Common Security)	대화/협상으로 군사적 오해/오판 방지
	협력안보(Cooperative Security)	화해/협력, 예방외교, 안심을 통한 안보
	포괄안보 (Comprehensive Security)	경제, 환경, 인권 등 비군사적 요인 중시

먼저 전통안보개념에는 집단방위와 집단안보체제가 해당되는데, 이는 주권국가들이 분쟁위협에 강제력으로 대처한다는 전통적인 방법이다.[57] 집단방위는 NATO 등과 같이 인접국가 혹은 안보연관성을 지닌 국가들 사이의 군사동맹 형태로 형성되어 전쟁을 억지하거나 준비하는 형태를 보인다. 그러나 현재는 WTO 해체 등에서 보듯 탈냉전 이후 적과 위협 개념이 변화함에 따라 위기관리, 평화유지, 인도주의 지원, 재난구

56 Heinz Vetschera, "Instruments of Cooperative Security in the CSCE Framework-Confidence Building Measures, Emergency Mechanisms and Conflict Prevention", at the Second Ginosar Conference, 5-11 January, 1993. pp.2-3; 이원우(2009), pp.73.에서 재인용.

57 집단방위 개념은 유엔헌장 제7장 51조를 근거로, 외부의 적으로부터 공격을 받을 경우 조약 당사국 또는 회원국들은 자국이 피격된 것과 동일하게 합력하여 행동을 취한다. 규정에서 알 수 있듯 안보협력 스펙트럼에서 가장 대결적인 성향을 지닌다. 반면 집단안보개념은 집단방위 개념을 포함하기도 하고, 국가들 간 군사안보적 제휴나 협력을 포함하는 광의의 개념이다. 집단방위와 집단안보 개념은 공동영역 내에서 회원국들의 안보이익 보호를 위한 공식적인 공약을 보유한다는 특징을 지닌다. 이원우, 『다자안보협력의 한계와 제약』(서울: 한국학술정보, 2009), p.35-69.

호 등 동맹체의 임무와 성격이 변화되고 있는 것도 사실이다.

이에 비해 UN으로 대표되는 집단안보의 개념은 "침략행위를 감행한 국가가 있을 경우 전체 회원국이 유엔안보리 결의에 따라 UN군으로 침략국을 응징하는 것"을 의미한다. 집단안보는 집단방위와 다르게 전쟁, 공습 등 침략행위가 있기 전까지는 특정한 적을 상정하지 않는다. 그러나 분쟁시에는 회원국들의 군대가 소집되어 구성된 연합군이 침략국을 응징한다는 개념을 갖는다.

신안보개념을 이해하기 위해서는 일견 유사해 보이는 공동안보와 포괄안보, 협력안보의 개념 역시 이해해야 한다.[58] 먼저 공동안보는 1982년 '군축에 관한 UN특별회의 보고서'에서 유래한 것으로, 참가국들의 자발성과 협력을 근거로 한 이상주의적 집단안보 메커니즘인 반면 포괄안보는 1960년대와 70년대 일본과 ASEAN 국가들에서 기원을 찾을 수 있는데, 아태지역의 다양성을 반영하듯 군사적 안보와 비군사적 안보 문제에 모두 적용될 수 있는 개념이긴 하나, 군사력 사용 여부와 시기, 적용범위와 방법의 모호성, 의제의 다양성 등 아직 명확한 개념화에 이르지는 못한 개념이다.

반면 협력안보는 탈냉전의 안보 개념[59]으로서, 불특정 및 분산된 위협에 대응하여 공동생존joint survival에 목표를 두고 구체적인 위협이나 무력 충돌 예방을 위해 상대국과 더불어 안보를 공유하는 공동안보를 뜻

58 이원우(2009), pp.35-60.

59 한용섭, "평화와 군사안보", 하영선 편(2002), pp.219-221.

한다.[60] 협력안보는 대화와 타협, 즉 정치와 외교를 중시하는 '정치적 협력안보'와 군사력 억지를 통한 전쟁예방의 성격이 강한 '군비통제 협력안보' 모두를 포함한다. 협력안보는 무력 대립을 사전에 비군사적으로 예방한다는 점에서 의의를 찾을 수 있으며, 유럽안보협력기구/회의CSCE/OSCE, 아세안안보포럼ARF, 동북아협력대화NEACD, 아태지역의 아시아안보회의ASS, 샹그릴라 대화, 서울안보대화SDD 등이 그 예에 속한다.

이렇게 오늘날 각 국가들은 과거의 동맹에만 국한되었던 외적균형 방법에서 더 나아가 다자적, 포괄적 안보협력 등을 통해 다양한 방법을 통해 자국의 생존 가능성을 모색하려 하고 있다.

이상에서 살펴본 바와 같이 국가가 내적 균형을 추구하는 경우 자주국방을, 외적 균형을 추구하는 경우 동맹과 군사적, 비군사적 분야 등 다양한 다자안보 협력 등을 추구한다. 이때 국가가 내적 균형을 추구할 것이냐, 외적 균형을 추구할 것인가의 문제는 국제체제 수준에서의 안보구조에 영향을 받게 된다. 그리고 그 결과는 다시 안보구조에 영향을 주기 때문에 안보에 관련된 정책과 전략을 연구하기 위해서는 당시 국제 안보구조와 국내외 군사 안보협력 현황 등을 함께 고찰해야만 하는 것이다.

60 길병옥·박재필·조차현, 『국가안보론』 (대전: 충남대학교출판문화원, 2015), p.93.

2. 정책결정론

국가의 해양전략은 수많은 의사결정을 통해 결정된다. 이 과정에서 여러 계층이나 집단의 사람들이 참여하게 되고, 여러 관련 부서들이나 정책들과도 서로 영향을 주고받게 된다. 때문에 해양전략이 어떻게 결정되는가를 연구하기 위해서는 의사결정에 관한 이론들이 바탕 되어야 한다.

의사결정과 관련해서는 많은 이론이 있는데 일반적으로 다음과 같은 기준으로 크게 세 가지로 구분되고 있다.[61] 첫째, 의사결정자가 합리적으로 의사결정을 하는지 여부에 따라 합리모형rational model과 인지모형cognitive model으로 나누는 것이고, 둘째, 의사결정론을 연구하는 목적에 따라 바람직한 의사결정을 위해 따라야 할 논리나 방법을 제시하는데 목적을 두는 규범론normative theory과 실제 이루어지는 의사결정을 설명하고 기술하는데 목적을 두는 실증론positive theory로 나누는 것이다. 세 번째는 의사결정의 주체에 의한 구분으로서 개인에 의해 결정되는가 아니면 여러 사람에 의해 이루어지는가에 따라 개인적 의사결정론과 집단적 의사결정론으로 나눌 수 있다.

세 번째 의사결정의 주체, 분석 수준은 구체적으로 케네스 왈츠가 '인간, 국가, 전쟁'을 통해 체계화하였듯 크게 개인차원, 국가차원, 그리고

61 정정길 등, 『정책학원론』(서울: 대명출판사, 2003), pp.470-473.

국제차원의 세 가지 층위로 구분하여 볼 수 있다.[62] 실제 정책결정에 관한 연구들은 이 세 가지 층위를 기본으로 연구되고 있는데, 특히 국가 안보정책과 관련된 연구들은 국가차원을 세분화하여 연구하는 경향이 많다.[63] 세 가지 층위 구분에 따른 연구 분석대상과 내용은 다음과 같다.

먼저 안보정책 결정과 관련한 개인적 차원의 분석은 주로 최고지도자 혹은 주요 정책결정자의 신념 혹은 인식과 같은 심리적 측면 전반을 대상으로 삼는다. 주요 정책결정자는 이슈나 문제의 경중과 무관하게 정책을 결정해야 하는 상황이 발생할 경우 늘 관여하는 행위자를 말하는데,[64] 유사한 조건에도 불구하고 다른 결정이 도출되는 경우를 분석하는데 유용한 경우가 많아 단일변수로서 큰 영향력을 지니고 있으며, 지도자의 배경이나 인적사항 등을 바탕으로 한 계량적인 성격유형분석과

62 의사결정의 주체, 분석 단위 관련 최근 일부 학자들은 지구화 현상(globalization)을 설명하면서 이제 국제정치의 연구범위를 국가 중심적 지정학에서 지리 중심적 지구정치학으로 전환할 것을 강조하고 있다. 이에 따라 국가의 개별 정부 이외의 초국가 시민사회, 국제제도, 비공식클럽, 지역 기구, 지구 공공정책 네트워크, 국제연합 전문기구 등 역시 주요 행위자 및 분석단위로 제시한다. 존 베일리스·스티브 스미스·퍼트리샤 오언스 편저, 하영선 외 역, 『세계 정치론』(서울: 을유문화사, 2016), pp.31-51.

63 저비스(Robert Jervis)는 국가차원을 지정학적 위치, 사회 및 경제구조, 정권형태와 같은 국내적 결정요인, 관료들의 정치형태 등으로 구분하고, 공식적 정책결정자의 인식을 강조하였다. 로즈나우(James Rosenau)의 경우에는 국가차원을 직책성격, 정부변수, 사회적 변수 등으로 나누어 분석하였고, 허드슨(Valerie Hudson)은 집단의사결정, 문화 및 정체성, 그리고 국내정치형태를 강조하기도 하였다. Rosenau, J. N. & I. N. I. NetLibrary, *The Study of World Politics*(London, New York: Routledge, 2006); Hudson, V. M., *Foreign Policy Analysis: Classic and Contemporary Theory* (Rowman & Littlefield Pub, 2007)

64 이성만 등(2015), p.115.

지도자들의 발언, 글 등을 바탕으로 기질과 동기를 밝혀내는 내용분석 등이 대표적이다.[65]

국가차원의 분석 중에서 집단의사결정은 국가의 정책을 결정하고 운영하는 엘리트집단과 주요 행정관료들을 분석대상으로 삼는다. 이 분석에서는 개개인의 참여자들이 집단 혹은 조직에 속하였을 때는 개인차원의 분석과는 다른 결과를 도출하게 되는데, 그 이유를 조직들의 업무 표준화 SOP 작업과 각 조직간 경쟁의 결과로 보고 있다. 이는 관료정치모델 혹은 조직과정모델로 설명된다. 국가차원 분석에서는 국내정치형태 역시 중요하게 다루고 있는데, 이는 정책결정을 둘러싸고 국내 정치세력 간의 상호작용이 주요 분석대상으로 삼는다. 의회와 행정부, 여당과 야당, 그리고 정부와 언론 및 여러 사이의 담론 등을 연구하여 각각의 협상과 의견 수렴 과정을 분석하여 어떠한 결론이 도출되었는지를 분석하는 것이다.

마지막 국제체제 분석에서는 모든 개별 국가는 무정부 상태의 국제체제에 구속된다는 전제하에 국제체제 속성과 해당 국가의 조건에 따라 정책결정이 이루어진다고 보는 것이다. 여기서 체제속성이란 체제를 구성하고 있는 행위자의 수, 공식적 또는 비공식적 동맹을 통해 단극, 양극, 다극과 같은 극에 각각 응집된 정도, 초국가적 기구의 존재 여부와 이들의 영향력, 그리고 체제 내의 논쟁적 사안의 수 등을 의미하고[66], 국가속성이란 국가의 크기, 천연자원, 지리적 조건, 인구분포, 정치체제,

65 Ibid., p.121.

66 Hudson(2007).

군사적 능력, 경제력 등을 의미한다고 볼 수 있다.[67]

국방정책은 '국방'과 '정책'이 합쳐진 복합어이다. 한국의 국방목표는 "외부의 군사적 위협과 침략으로부터 국가를 보위하고, 평화통일을 뒷받침하며, 지역의 안정과 세계평화에 기여한다."[68] 로 설정하고 있다. 정책은 '바람직한 사회상태를 이룩하려는 정책목표와 이를 달성하기 위해 필요한 정책수단에 대하여 권위있는 정부기관이 공식적으로 결정할 기본방침'[69] 이다. 일반적으로 정책의 개념은 목표와 수단의 결합으로 인식되며, 국방정책은 안보정책, 군사정책, 또는 군사전략이란 용어와 혼용되어 사용하는 경우도 있다.[70]

집단적으로 결정되는 국가 해양전략에 대해서는 집단적 의사결정이론을 적용해야 한다. 집단적 의사결정과 관련해 국방정책 결정에 적용한 대

67 이성만 등(2015), pp.124-125.

68 국방부, 『국방백서 2018』(서울: 국방부, 2019), p.33.

69 정책의 개념에 대한 학자들의 다양한 견해에 대해서는 정정길 등(2003), pp.35-56.에서 자세히 소개하고 있다.

70 국가안보는 "군사·비군사 분야에 걸쳐 국내외로부터 기인하는 각양각색의 위협으로부터 국가목표를 달성하는데 있어서 추구하는 제 가치를 보존·향상시키기 위해서 정치·외교·사회·문화·경제·과학기술 등의 여러 정책체계를 종합적으로 운용함으로써 기존의 위협을 효과적으로 배제하고 또한 일어날 수 있는 위협의 발생을 미연에 방지하며, 나아가 발생한 불시의 사태에 대처하는 것"이다. 최경락·정준호·황병무, 『국가안전보장서론』(서울: 법문사, 1989), pp.25-26. 군사정책은 "국방정책의 일부로서 군사력의 유지, 조성 및 운용을 도모하는 오로지 군사에 관한 정부의 제반활동 또는 지침"이다. 합동참모본부, 『합동·연합작전 군사용어사전』(1998), p.74. 군사전략은 군정(군사조직의 유지 및 건설-군의 편성, 병력 및 장비의 결정, 인사 등-과 군사력의 발동-전쟁과 파병 및 철수, 계엄 등- 등이 포함된다.)을 주로 다루는 국방정책과 달리 군령(전투와 관련된 군대의 용병과 작전수준에서의 운용에 관한 사항)에 관한 사항을 다룬다는 점에서 차이가 있다. 차영구·황병무, 『국방정책의 이론과 실제』(서울: 오름, 2004), p.41.

표적 이론은 앨리슨의 세 가지 모델이다. 앨리슨Graham Tillett Allison, Jr.은 정부의 정책결정 과정을 설명하기 위해 합리적 행위자모델, 조직행태모델, 정부정치 모델의 세 가지 모형을 제시하여 1962년 쿠바 미사일사태의 사례를 통해 어떻게 국가정책이 결정되는지를 설명하였다.[71] 앨리슨의 세 가지 모델은 개인과 국가, 국제차원의 층위를 모두 포함하여 어떻게 안보정책이 결정되는지를 설명할 수 있는 이론이다. 이 모델을 통해 우리는 국가가 해양전략을 결정하기 위해서는 첫째, 해당 국가의 합리적 이익, 둘째 해양전략을 결정하는 의사결정 시스템의 구조, 마지막으로 참여자가 속한 조직과 개인성향 등을 주요 결정요인으로 추출할 수 있음을 확인할 수 있다.

정책결정 이론은 '정책'이라는 결과에만 주목하는 것이 아니라 그러한 정책이 결정되기까지의 과정과 원인에 중점을 둔다는 점에서 의의를 갖는다. 이 이론은 같은 조건과 환경이 주어진다 해도 국내정치 혹은 의사결정자들이 정책결정을 하는 과정의 역동성과 다양성에 의해 다른 결과가 도출될 수 있음을 보여준다.

71 제1 모델 즉 〈합리적 행위자〉 모델은 경제학 분야에서 오랫동안 지배적 위치를 차지하고 있는 합리적 선택이론을 모체로 한다. 1980년대 중반 이후 정치학 분야에서도 지배적 위치를 차지하며 많은 연구업적을 낳았다. 제2 모델, 즉 〈조직행태 organizational behavior〉 모델은 조직과정(organization process) 모델이라고 불리며 주로 효율성을 위한 조직의 구조와 작동원리에 관한 경제학적 연구와 관련이 깊다. 제3 모델인 〈정부정치 governmental politics〉 모델은 앨리슨의 모델에서 가장 중요한 위치를 차지하는데 관료조직 간의 다툼을 다룬 관료정치(bureaucratic politics)로 이해되기도 하였다. 그러나 저자는 1999년 개정판에서 초판에서 정책게임에 참가하는 이들을 단순히 조직의 대표자로 본 것에 더하여, 개인으로서 가지는 개체적 정체성과 사회적 정체성을 반영한 개인차원의 설명 변수를 추가하여 설명함으로써 정부정치모델을 완성하였다. Graham Tillett Allison, Jr. & Philip Zelikow 저, 김태현 역, 『결정의 엣센스-쿠바 미사일 사태와 세계핵전쟁의 위기』(서울: 모음북스, 2005), pp.8-12.

3. 국방경제론

많은 연구가 증명하듯 경제력은 국가안보와 전쟁에 직접적인 영향을 미친다.[72] 국방경제학defense economics은 경제학의 한 분야로서 국방 또는 국가안보와 관련된 제반 문제를 경제이론을 바탕으로 연구·분석하는 학문이다.[73] 국방경제학은 평시 군사력 운용, 국방과학 기술 연구분야 투자 등 국방예산을 산정하고 배정하는 등의 문제뿐 아니라 전시나 비상시 자원을 배분하고 동원하고, 적의 경제력을 약화시켜 전쟁지속능력을 저하시키는 문제, 전후 복구 문제, 군비축소, 통제 등 국방 관련 경제 분야를 연구·분석한다.

이러한 국방경제학은 스미스Adam Smith의 국부론에서부터 시작하여, 1·2차 세계대전을 통해 중요성이 부각되며 허스트Francis W. Hirst, 피구A. C. Pigou, 케인즈John Maynard Keynes 등에 의해 활발히 연구되기 시작하였으며, 오늘날까지 많은 연구가 진행되고 있다. 이 절에서는 경제학적 관

72 하부구조(base)인 경제가 상부구조(super-structure)인 정치, 문화, 법률, 종교 등을 규정한다는 경제주의(economism) 혹은 유물론은 마르크스 사상에 기원을 두고 있는데, 마르크스는 사회를 올바르게 이해하기 위해서는 유물론, 상부구조와 하부구조, 계급이론과 계급투쟁 등 부르주아 자본주의 '경제'를 철저하게 연구해야 한다고 믿었다. 김수행, 『자본론의 현대적 해석』(서울: 서울대학교출판문화원, 2016), p.15. 그는 모든 사회발전은 경제적 조건, 특히 생산의 물리적 수단의 발전에 의존한다고 보면서 참된 힘은 기계적 진보에 있고, 그다음이 경제적 계급관계, 마지막이 정치적 영향력이라고 주장했다. 이한구, 『칼 포퍼의 열린사회와 그 적들 읽기』(서울: 세창미디어, 2014), pp.145-161.

73 이성연(2000), p.215.

점에서 국방에 관한 이론적 논의를 고찰한 후 국방이 지니는 경제적 성격, 그에 따른 국방비 결정원리를 살펴보았다.

스미스의 순수 경제주의론에서 시작된 국방경제이론은 국방비 지출을 긍정적으로 보는가 부정적으로 보는가 여부에 따라 크게 두 가지로 나누어볼 수 있다. 국방비 지출을 둘러싸고 부정적인 영향을 강조하는 측은 유효수요론effective demand, 파급효과론spin-off, 안보효과론security effect을 주장하는 반면, 부정적 효과를 내세우는 측은 기회비용론opportunity cost, 자원흡수론siphon-off, 근본주의론fundamentalism 등으로 나누어진다.[74]

국방비용에 대해 부정적인 효과를 강조하는 대표적 학파는 애덤 스미스 등의 고전주의 학파이다. 이들은 국방비의 증가는 곧 민간재화의 포기 대가라는 기회비용의 관점에서, 국방비지출이 민간투자의 위축을 가져오고, 이자상승률과 물가상승의 원인이 된다며 구축효과驅逐效果,

74 부정론 중 '기회비용론'은 국방비 지출로 인해 경제개발투자 및 사회복지 예산이 그만큼 축소되어 경제발전을 저해한다는 것이고, '자원흡수론'은 국방부문이 과학기술인력, 자본재, 중간재 등 제한된 국가자원을 흡수하므로 민간경제의 생산성을 저하시키고 자본투자에 애로를 초래한다는 것이며, '근본주의론'은 국방부문은 근본적으로 민간부문의 생산, 서비스에 의해 유지되는 기생적, 낭비적이라는 주장을 말한다. 반면 긍정론 중 '유효수요론'은 한 나라의 총수요가 잠재적 생산능력보다 적을 경우 국방비 증가는 유효수요를 창출하여 산업생산과 고용을 촉진시키고 국민소득 증대에 기여하는 것이고, '파급효과론'은 국방부문에서 축적된 기술이 민간부문으로 파급되어 산업생산을 증대시키고 또한 군사용으로 건설된 도로, 항만, 비행장, 정보통신시설 등은 민간부문의 산업생산에 유용한 투입요인으로 작용한다는 것이며, '안보효과론'은 국방비는 국가안보라는 공공재를 생산 공급하여 국민 전체의 후생을 증가시킨다는 인식을 말한다. 백재옥·성채기·박주현, 『국방부문의 경제적 역할 분석』(한국국방연구원, 2003), pp.18-22, 42-46.; 전제국, 『지식정보화 시대의 전략 환경과 국방비』(한국국방연구원, 2005), p.23.에서 재인용.

crowding out[75]를 주장하기도 하였다.

반면 케인즈 학파는 국방비 지출을 긍정적으로 강조하는 입장이다. 이들은 공급이 수요를 창출한다는 세이의 법칙 대신 수요에 의해 생산 수준, 즉 국민소득이 결정된다는 유효수요론을 주장하였다. 그들에 따르면 불황이나 공황은 민간경제 내에 유효수요 부족으로 발생하는 것이기 때문에, 정부가 공공지출을 통해 해결해준다면 국민경제는 안정화 될 것이고, 또 나아가 국방연구개발 등이 군수기술의 진보와 방위산업의 발전을 가져오듯 군수산업과 연관된 파급효과를 가져와 국민 전체의 후생을 증대시킬 수 있다고 본 것이다.[76]

이렇게 국방경제이론은 경제와 국방과의 상관성을 최초로 인식하고 연구하기 시작했다는데서 의의를 찾을 수 있으며, 애덤 스미스를 주축으로 하는 고전주의 학파와 케인즈를 주축으로 하는 케인즈 학파로 나뉘어 발전하였다. 이후 국방경제론은 공공재 이론으로 발전되었다. 국방에서의 공공재 이론이란 국방은 소비에 있어서 비경합성nonrivalness in consumption과 배제불가능성nonexcludability을 동시에 갖는 순수공공재pure

75 구축효과란 "경기 활성화를 위하여 정부가 재정 지출을 늘리면 이자율이 상승하여 기업의 투자와 민간의 소비가 위축되는 현상"을 의미한다. 국립국어원 홈페이지 (검색일: 2019.10.20.) https://www.korean.go.kr/front/search/searchAllList.do

76 이월영, 박기홍, 이희석, 주영민, 김성진 편저, 『국방경제학의 이해』(서울: 황금소나무, 2014), pp.143-144.

public goods[77]라는 것을 의미한다. 즉 모든 국민은 비용 지불 여부와 상관없이 국가의 국방을 통해 동일하게 안전을 보장받을 수 있다는 것이다. 이러한 순수 공공재 특성 때문에 정부는 국방부문의 자원배분이라는 문제를 시장을 통해서가 아니라 직접 나서서 하게 된다는 특징을 지닌다. 또한 다른 예산과 달리 비용을 직접 지불하거나 그에 따라 차등으로 이익을 받는 것이 아니라는 순수공공재의 특성 때문에 전시가 아닌 평시의 국민들은 이러한 국방의 중요성과 필요성을 잊기 쉽다는 경향을 지닌다.

공공재 공급의 적정규모에 대한 분석은 부분균형분석과 일반균형분석으로 실시된다. 부분균형분석은 정부 예산이 주어져 있다는 가정하에 사회적 선호도필요성에 따라 어떤 특정 공공재의 적정 공급량을 결정하는 분석방법이고, 일반균형분석은 공공재의 적정공급량의 결정 문제를 국민경제 전체로 확대시켜 분석하는 방법이다.[78] 국방은 공공재이기 때문에 위 두 개의 분석방법을 통해 적정규모를 산정하게 된다.

국방을 부분균형분석 할 때의 문제는 각 개인은 비경합성과 비배제성 때문에 공공재에 대한 자신의 선호도를 명시적으로 나타나지 않을뿐더러, 만약 선호도에 따라 비용을 차등 지불해야 한다면 실제와 달

77 비경합성이란 일단 공공재가 공급되었을 경우 추가적으로 다른 한 사람이 공공재의 소비에 참여하는 데 드는 한계비용이 '0'임을 의미하고, 배제불가능성이란 공공재에 대한 대가를 지불하지 않은 사람을 공공재의 소비로부터 배제하는 것이 불가능하거나 혹은 바람직하지 않은 특성을 의미한다. 이러한 두 가지 특성으로 공공재는 공급에 있어서 시장과 가격은 의미를 가지지 못한다. Ibid., p.2.

78 Ibid., p.35.

리 선호도를 적게 표시할 것이기 때문에 민간재와 달리 사회적 선호도를 구하는 것은 거의 불가능하다. 또한 설사 사회적 선호도필요성를 명확히 하였다 하더라도 국방의 비밀유지 때문에 현재의 안보상황이나 세부적인 배분 현황 등에 대한 정보를 얻지 못한 상태에서 각자의 한계편익곡선을 도출하게 된다는 어려움이 있다. 반면 일반균형분석은 사무엘슨에 의해 정립되었는데, 공공재의 적정공급량 결정 문제를 국민경제 전체로 확대시킨 것으로 국민경제가 공공재와 민간재, 두 가지 재화만을 생산한다고 가정한 후 소비자의 선호도를 반영한 사회무차별곡선social indifference curve이 접하는 곳에서 생산이 결정된다고 보는 것이다. 하지만 이 역시도 사회구성원들의 선호도를 정확히 도출하기 어렵다는 문제가 발생한다.

실제로 카스틸로Jasen Castillo 등은 1870년부터 1939년까지 미국, 독일, 프랑스, 일본, 러시아 등 5개국의 경제성장과 국방비 지출을 분석한 결과, 통계적으로 의미 있는 관계를 찾을 수 없었는데, 이는 국가 경제력이 증가한다고 해서 꼭 군사비 지출이 함께 늘어나는 것은 아니며 경제성장 이외의 요인들을 함께 고려해야 함을 증명하였다.[79]

결국 국방이라는 공공재 특징에 기인한 이와 같은 문제 때문에 국방비 적정규모에 대한 분석은 이론적으로는 가능하나 현실에서 그대로 적용하는 것은 한계가 있다. 따라서 국방비 결정에 관한 문제는 정책결정자 및 전문가 집단에 의해 결정되게 된다. 그렇다면 국방력을 결정하는

79 Jasen Castillo, Julia Lowell, Ashley J. Tellis, Jorge Munoz, Menjamin Zycher, *Military Expenditures and Economic Growth*(Santa Monica: Rand, 2001)

요인들은 무엇이고, 적정군사비는 어떻게 결정되는 것인가? 국방경제론은 이에 대한 문제를 연구하기 시작했다.

이론적으로 적정국방비는 '마지막 한 단위의 자원을 국방에 투입함으로써 얻을 수 있는 한계편익이 그러한 자원을 민간부문에 사용하지 못함으로써 지불해야 하는 한계비용과 같게 되는 수준의 국방비'[80]이다. 따라서 정부는 국방비 규모를 결정하기 위해 소요우선원리, 예산우선원리, 균형원리를 적용해야 한다.

소요우선원리need-first principle 또는 상향식 접근방법은 소요를 먼저 결정한 후 거기에 맞추어 국방비를 배분하는 방법을, 예산우선의 원리budget-first principle 또는 하향식 접근방법top-down approach은 소요접근법과는 반대로 예산을 먼저 결정한 후 그 범위 내에서 국방력을 생산하는 방법이다. 소요우선원리를 적용할 경우 충분한 국방력을 확보할 수 있으나, 국가가 처한 안보환경을 정확히 진단하고 거기에 대응하기 위한 정확한 소요를 파악하지 않을 경우 국방비 규모가 지나치게 커질 우려가 있고, 그러다 보면 다른 정책 추진에 차질을 줄 수 있다는 우려가 있다. 반면 예산우선 원리의 경우 가용자원 범위 내에서 국방비가 결정되기 때문에 국민적 합의에 도달하기 쉬우나 상대적으로 국방의 소요가 무시될 위험이 있다. 때문에 한국은 소요우선의 원리와 예산우선의 원리를 절충한 균형의 원리equilibrium principle를 적용하고 있는데[81], 이 경우 정부

80 이성연 등, 『국방관리론』(대구: 선코퍼레이션, 2008), pp.225-232.; 이월영 등(2014), p.113.

81 Ibid., pp.349-352.

각 부처 간의 이해관계를 조율하면서 안보상황에 대한 정책결정자들과 국민들의 사회적 합의가 이루어져야 한다는 어려움이 존재한다. 즉 한 국의 국방비는 정부 각 부처 간, 그리고 정책결정자들과 국민들의 사회적 합의의 결과물인 것이다.

군사력을 유지하는 데는 항상 경제력이 필요하고, 경제력을 가지고 유지하기 위해서는 군사력이 필요하기 때문에 한 국가의 경제력과 군사력은 아주 밀접히 연관되어 있다. 폴 케네디는『강대국의 흥망』이라는 저서에서 강대국들의 500년 역사를 분석한 결과, 한 국가의 경제적 변동을 통해 새로운 강대국의 등장과 소멸을 예측할 수 있고, 다시 이를 통해 국제체제상의 지위 변동 또한 예측 가능하다고 주장했다. 그는 경제적 변동과 군사·영토적 영향력의 곡선 사이에는 상당한 시차가 존재한다는 연구결과를 내놓았으며, 이는 경제·기술 발전 등을 통해 경제적 부를 확보한 강대국들은 잠재적 자원을 국방과 안보에 더 많이 지출하게 되고 이를 통해 몰락한다고 설명하였다.[82]

국방비의 규모는 〈표 2-2〉에서 보는 것과 같이 정치, 경제, 군사적 요인과 국내 및 국제적 결정요인들에 의해 결정된다. 그중에서도 안보위협 정도, 국가 경제력, 국제안보협력 등 통상 3대 변수에 의해 국방비의 윤곽이 드러나는 것으로 여겨지고 있다.[83]

82 Paul Kennedy, The *Rise and Fall of the Great Powers* (UK: Penguin Random House, 1976, 2017)

83 전제국(2005), p.33.

〈표 2-2〉 국방비 규모의 결정요인[84]

구 분	국내적 요인	국제적 요인
정치적 요인	• 정부의 성격 • 국가의 정책 우선순위 • 관료들의 성향 • 국민들의 안보의식	• 국제안보정세 • 안보협력관계 • 상대국과 갈등 정도
경제적 요인	• GNP 규모 및 성장률 • 경제의 안정성 • 외환 보유고 및 무역능력	• 국제 경제환경 (무역, 투자, 자원확보 등)
군사적 요인	• 현재의 군사력 • 군사력의 활용범위	• 적국의 군사동향 • 주변국의 군사동향 • 해외 군사원조

국방비는 안보위협의 정도, 분배비율, 안보협력의 경제적 가치 환산 등의 불확실성과 주관성 등에 의해 객관적 수치를 적용하는데 어려움이 따른다. 그러나 국방비에는 이러한 요인들이 반영되어 있기 때문에 결정된 국방비를 통해서 한 국가정부가 생각하는 위협의 정도와 국방이 지니는 정책에서의 우선순위, 국제 안보협력 정도 등을 역으로 추적 가능하다고 볼 수 있다.

84 이성연(2000), p.352; 이월영 등(2014), p.116.

4. 군사혁신론

토플러Alvin Toffler, 크래벨트Martin Levi van Creveld, 두푸이William Eugene DePuy 등 많은 학자들은 과학기술과 전쟁은 상호 밀접한 관계가 있다고 보았다. 본 장에서는 전쟁과 과학기술의 상관관계를 다룬 이론들과, 군사혁신과 미래전에 관한 이론들을 통해 과학기술과 전쟁의 관계, 그리고 이것이 지니는 함의 등을 살펴볼 것이다.

토플러는 사회발전을 3개의 물결, 즉 농경시대, 산업시대, 정보시대로 구분하고, 전쟁의 형태도 이러한 사회발전과 상관관계를 지닌다고 보았다. 때문에 미래 전장은 제3의 물결 사회의 특징인 정보, 전자기술, 컴퓨터, 커뮤니케이션, 미디어화 같은 것들과 결합되어 새로운 수준으로 진보하게 될 것이라 주장했다.[85]

크레밸트는 전쟁은 무기 이외에도 전술, 작전, 전략, 보급, 정도, 조직 등 수많은 것들로 구성되어 있기 때문에, 무기나 무기체계 자체만이 아닌 전반적인 과학기술을 고려해야 한다고 주장했다. 그에게 과학기술은 사물을 보고 문제를 해결하는 방법까지 포함하는 포괄적 의미로서, 군

85 앨빈 토플러는 미래전의 모습을 소규모의 틈새전쟁, 우주전쟁 등 새로운 형태의 전쟁이 등장하고, 스마트 감지 장치들을 통한 더 빠르고 정확한 조기경보, 더욱 정밀한 표적 추적, 더욱 정확한 작전 성과 분석 시행, 병사 개개인에게 스마트 전투복이 제공되거나 초소형 기계들과, 환경조작 신기술, 비살상무기 등의 도입 등이 나타나게 될 것으로 예견하였다. 앨빈 토플러·하이디 토플러 저, 이규행 역, 『전쟁과 반전쟁』(서울: 한국경제신문사, 1997), pp.145-227.

대에서 사용하는 하드웨어 뒤에는 일반적인 하드웨어, 다시 그 뒤에 노하우로서의 과학기술이 있다고 보았다. 때문에 그는 전쟁을 일으키는 원인과 전쟁을 하는 목적, 전쟁을 수행하고 사고하기 위하여 지도자들이 도입한 개념적인 사고의 틀까지 과학기술은 전쟁의 모든 분야에 침투해 있고, 그 결과 전쟁은 과학기술의 지배를 받는다고 주장했다. 여기에 근거하여 그는 시대를 크게 4개로 구분하였다. 동물이나 인간의 근육이 바탕이 된 도구의 시대선사시대~기원후 1500년, 생물체가 아닌 원천으로부터 에너지를 끌어내 쓰는 기계의 시대르네상스 시대~1830년, 과학기술이 서로 복잡한 상호작용을 하는 시스템의 시대1830~1945년, 인공두뇌와 자동제어 등 자동화된 전쟁이 가능한 자동화 시대1945년~현재가 그것이다.[86]

반면 두푸이는 과학기술 발달 중에서도 무기체계가 전쟁에 가장 결정적인 영향을 미쳤다고 보면서 근력, 화약, 기술의 변천시대로 구분하였다.[87] 배리 부잔 역시 특정 무기체계는 그 시대를 대표하는데, 이 무기체계에 따라 당시 국가들의 군사안보문제의 본질이 결정된다고 주장했다. 그에 따르면 새로운 군사기술 능력에 맞추어 방어기술이 계속 변하지 않으면 새로운 능력을 가진 국가가 이에 대응하지 못한 모든 국가에 대해 결정적인 군사적 우위를 갖게 되기 때문에, 결국 무기체계 변화 자체가 전체 군사안보문제에 영향을 줄 수밖에 없다고 주장했다.[88]

86 마틴 반 클레벨트 저, 이동욱 역, 『과학기술과 전쟁-B.C. 2000부터 오늘날까지』(서울: 황금알, 2006)

87 트레버 두푸이, 박재하 역, 『무기체계와 전쟁』(서울: 병학사, 1987)

88 배리 부잔 저, 김태혁 역, 『세계화시대의 국가안보』(서울: 나남신서, 1991), pp.168-169.

그레이 역시 지상전, 해전, 공중전, 전자전, 핵전쟁에서의 무기체계 범주를 통해서 군사전략의 역사를 분석해 볼 수 있다면서, 해당 시기 가장 주요한 무기들을 중심으로 하는 전략 혹은 '가장 첨단 군사기술'을 중심으로 분명하게 구분해 볼 수 있고 말했다.[89] 그는 또 마한과 매킨더의 지정학적 이론을 설명하면서, 그들의 이론은 아직도 설명력을 지니지만 현대의 기술적, 전술적 조건의 발전 역시 중요하게 고려되어야만 한다면서 전략에 있어 과학기술의 영향력과 중요성에 대해 강조하였다. 인간이 발전시키는 전술적 가치와 자연의 지형은 기술과 정치적 상황에 의해 변화되기 때문이다.[90]

이러한 이론들은 모두 전쟁의 양상이 기술발전과 매우 밀접하게 연관되어 있으며, 곧 전쟁, 그리고 이에 대한 전략결정을 위해서는 무기체계, 정보력 등과 관계된 기술 분야의 발전 역시 중요하게 고려해야 한다는 사실을 보여준다.

에베라Stephen William Van Evera는 이러한 연장선상에서 군사기술에 따라 국가의 행동이 달라진다는 공격방어이론offense-defense theory[91]을 제시하기도 하였다. 이 이론은 국제정치에서 가장 중요한 개념 중 하나인 안

89 Colins S. Gray(2015), pp.362-363. 콜린스의 이러한 주장은 해전의 역사를 구분하는데 실제로 그대로 적용되고 있는데, 대부분의 해전사가 함정 혹은 무기체계의 변화를 기준으로 시기를 구분하고 있으며, 노선시대(고대), 범선시대, 증기시대(산업시대), 현대전(제1, 2차 세계대전, 함포전, 유도탄전 등), 미래전 등이 그 예라고 하겠다. 허홍범·한종엽, 『세계를 움직인 해전의 역사』(서울: 지성사, 2012)

90 Ibid., pp.384-399.

91 Stephen William Van Evera, *Causes of War: Structures Power and the Roots of International Conflicts*(Itcha, NY: Cornell University Press)

보딜레마[92] 이론에 기초하는데, 앞서 살펴본 군비경쟁이론, 동맹이론 역시 이와 밀접하게 연관되어 있다. 저비스는 공격방어균형과 공격방어 구분 가능성이라는 두 가지 변수에 의해 안보딜레마 상황이 달라진다고 보았는데,[93] 반 에베라는 이에 근거하여 공격형이 아닌 방어형 군사기술을 개발한다면 안보딜레마 상황을 개선할 수 있을 것이라고 주장하였다.[94] 이는 군사전략에서 요구하는 수준의 군사력을 구현하기 위해서는 그에 부합하는 기술발전이 필연적임을 보여준다. 이렇게 공격형이냐 방어형이냐와 같은 전략적 수단의 성격과 이를 구현해 낼 수 있는 군사기술 및 무기체계 수준은 국가가 군사전략을 결정하는데 영향을 미칠 뿐만 아니라 국제체제상 힘의 분포를 다르게 만드는 요인으로도 작용할 수 있다.

과학기술 특히 무기체계에 따라 달라지는 전쟁의 형태에 대해 주목한 이론이 4세대 전쟁이론이다. 인류 초기 전쟁의 모습과 성격이 현대전과 다른 것에서 알 수 있듯 시간의 흐름에 따라 전쟁의 양상도 달라져 왔

92 1950년 허츠(John Herz)가 처음으로 제시한 개념이었으나, 1978년 저비스(Robert Jervis)가 체계화하면서 널리 사용되기 시작했다. 안보딜레마 상황은 한 국가가 생존을 위해 군사력을 늘리는 경우, 국제체제의 불확실성으로 인해 다른 국가들이 안전의 위협을 느끼는 상황을 의미한다. John Herz, "Idealist Internationalism and the Security Dilemma", *World Politics*, Vol. 2, No. 2(January 1950); Robert Jervis, "Cooperation Under the Security Dilemma", World Politics, Vol. 30, No. 2(January 1978).

93 저비스는 무기체계의 공수(攻守) 균형이 안보딜레마의 정도에 영향을 미친다고 보았는데, 국가들이 공격에 유리한 무기체계가 지배적이라고 보는 경우에는 선제공격과 갈등의 가능성이 증가하는 반면, 수비에 유리하다고 믿을 경우에는 공격과 갈등의 가능성이 감소한다고 주장했다. 대포와 기관총 등 신무기가 등장했던 1차 세계대전 기간이 전자의 예에 속한다면, 마지노선 구축 등 수비가 공격을 저지할 수 있다고 보았던 2차 세계대전 이전은 후자에 속한다. Robert Jervis(1978), pp.178-214.

94 이근욱, 『왈츠 이후』(서울: 한울아카데미, 2009), pp.49-73.

다. 윌리엄 린드William S. Lind는 1989년 「전쟁 모습의 변화: 제4세대로 The Changing Face or War: Into the Fourth Generation」 논문을 발표하여 전쟁을 4개의 세대로 구분하였는데[95], 1세대는 1648년 베스트팔렌 조약 이후 나폴레옹에 의한 전쟁까지 활강총smoothbore musket을 사용하며 지휘관 개인적인 기량에 의해 전쟁이 수행된 시기로 보았다. 2세대는 강선식 소총rifled musket을 사용하며 후장식 포와 철조망, 그리고 기관총이 사용된 전쟁으로 그 특징을 묘사하였는데, 1차 세계대전이 대표적인 예로서 포병의 간접사격을 가장 큰 특징으로 한다. 3세대 전쟁은 2차 세계대전시 독일군의 전격전blitzkrieg을 특징으로 하는데, 비선형 전술을 사용하고 종심 깊은 방어대형이 사용되며 기동이 중요시된 전쟁이라고 보았다. 반면 4세대 전쟁은 기술 발달과 아이디어를 중시하는 전쟁인데, 로봇, 무선 조종체, 통신체계 등을 바탕으로 적은 인원이 큰 전력을 발휘할 수 있는 전쟁이라고 설명하면서 그 대표적인 예로 테러리즘을 들었다. 린드는 나아가 2004년 논문 「4세대 전쟁 이해 Understanding Fourth Generation War」를 통해 4세대 전쟁에서는 국가의 독점적 지위가 사라지고, 첨단기술과 무기의 여부가 전쟁의 승패를 좌우할 것이라고 주장하였다.[96]

95 William S. Lind & Keith Nightengale & John F. Schmitt & Joseph W. Sutton & Gray I. Wilson, "The Changing Face of War: Into the Fourth Generation", *Marine Corps Gazette*(October 1989), pp.22-26. 각 세대 전쟁의 특징은 New Military Paradigm, 『4세대전쟁』(서울: 집문당, 2010); 토머스 햄즈 저, 한국국방연구원 역, 『21세기 전쟁-비대칭의 4세대 전쟁』(서울: 한국국방연구원, 2010), pp.46-66.

96 William Lind, "Understanding Fourth Generation War", *Military Review* (September/October 2004), pp.12-16.

2004년 『21세기 전쟁 The Sling and the Stone』의 저서를 통해 린드의 전쟁 개념을 수용한 토머스 햄즈Thomas X. Hammes는 구체적인 4세대 전쟁 유형을 규정하고 체계화하였다. 햄즈는 4세대 전쟁에 대해 "우세한 정치적 의지를 적절히 구사함으로써 경제적·군사적인 면에서 훨씬 더 강한 상대를 격퇴할 수 있다는 기본 전제하에, 가용한 정치·경제·사회·군사적 네트워크를 이용하여 적의 정치 의지를 파괴하는 장기전"으로 정의하였다.[97] 흥미로운 것은 린드가 4세대 전쟁을 설명하며 첨단기술에 큰 비중을 둔 데 비해 햄즈는 향후 4세대 전쟁은 적의 후방까지 깊숙이 도달하여 적의 정치적 의지를 직접 분쇄하는 형태로 발전할 것이며 여기에서 기술 그 자체보다는, 오히려 정치·경제·사회·기술 분야의 변화가 선행되어야 한다고 강조한 것이다. 린드와 햄즈는 국가의 기술수준과 무기체계 수준의 선후관계를 다르게 인식한 것이다.

물론 4세대 전쟁 이론에 대해서는 전쟁 세대 구분이 지나치게 자의적이라는 점과 4세대 전쟁 형태게릴라전이나 분란전, 간접접근 전략 등가 그 이전에도 존재했다는 점Antulio Echevarria II, 햄즈가 주장한 마오쩌둥의 농민군대와 같은 4세대 전쟁 수행자들James J. Wirtz과 테러리즘Edward Luttwak의 전쟁성과가 지나치게 과대평가되어 있다는 점 등에 대해 비판이 존재한다.[98]

97 토머스 햄즈(2010), pp.27-28.

98 손경호, "제4세대 전쟁 이론의 검토와 구조적 문제점 분석", 『국방대학교 교수논총』 제22권 1호, 통권 제64집(2014.12), pp.99-101.

그럼에도 불구하고 4세대 전쟁이론은 군사혁신RMA[99]과 연계한 미래전[100] 대비를 위해 세계 각국에서 연구되고 있으며, 한국 역시 1990년대 후반 관련 과목이 개설되었고, 연구기관을 중심으로 전쟁과 군사기술에 관한 연구가 활발히 진행되고 있다.[101]

군사혁신은 학자나 전문가들의 관점에 따라 다양하게 정의되고 분류된다.[102] 최초 군사혁신은 구소련 군사이론가들에 의하여 1970년대 및 1980년대에 군사기술혁명MTR 형태로 시작되었다. 이들은 21세기에는 정밀 전자, 센서, 정밀 유도, 자동제어체계, 지향성 에너지 기술 등이 출현하여 전쟁 양상에 파격적 혁신이 발생할 것이라 주장하며[103] 새로운 군사기술이 군사교리, 작전개념, 교육훈련, 전력구조, 방위산업, 연구개발 우선순위 등을 혁명적으로 변화시키고 있다고 보았다.

99 마자르(Michael J. Mawarr)는 RMA(Revolution in Military Affairs)를 기술의 혁신적인 응용에 의해 야기된 전쟁속성의 중대한 변화로 정의했으며, 기술의 혁신적인 응용은 군사교리, 작전 및 조직 개념들의 극적인 변화와 결합하여 군사작전의 특성과 행위를 근본적으로 변경시키고 있다고 주장했다. Mazarr, M. J. et al., *The Military Technical Revolution*(Washington, D. C.: CSIS, 1993); 이성만 등(2015), p.236에서 재인용.

100 국방부는 미래에 전개될 전장양상은 무기체계의 능력이 획기적으로 광역화, 장사정화, 고위력화, 고기동화, 네트워크화됨에 따라 전장의 공간(범위)과 성격(기능)이 근본적으로 변화되고 있다고 지적하였다. 국방부, 『한국적 군사혁신의 비전과 방책』(서울: 국방부, 2003), pp.67-70.

101 국방대학교 최종철 교수와 육군사관학교 이민룡 교수는 제4세대 전쟁과목을 개발하고 관련 연구를 진행하였다. 최종철·이민룡 "한국의 저강도 분쟁 전략", 「국방연구」 제42권, 제2호(1999). 2010년에는 조한승, 김재엽, 이성만 등에 의해 관련 학술 논문들이 발표되었고, 국방연구원에서는 햄즈의 저서를 번역했으며, 일부 군수연구가들은 『4세대 전쟁』을 출간하여 국내에 소개하기도 하였다. 손경호(2014.12), pp90-91.

102 Colins S. Gray 저(2015), pp.354-365; 차영구 등(2004), pp.545-559.

103 이종학·길병옥, 『군사학개론』(충남대학교출판문화원, 2016), p.508.

반면 미국은 걸프전을 계기로 1990년대 초부터 '군사기술혁명' 또는 '군사분야혁명RMA' 개념에 대한 논의를 시작으로 하였다. RMA 개념은 초기 센서와 타격수단을 지휘통제네트워크로 연결·결합시키는 구상에서부터 시작하여 점차 군사기술의 혁명을 포함하고, 전장운영개념과 조직편성의 혁신으로까지 확장·발전되었다. 1996년 국가안보전략연구소는 '전략평가보고서Strategic Assessment'를 통해 안보분야 혁명 개념을 소개하며 군사문제는 정치, 경제, 기술 등 모든 분야와 연관되어 있기 때문에 통합적인 안보 개념에서 군사혁신에 접근해야 한다고 보았다. 미국 랜드연구소 역시 군사혁신에 대해 군사작전의 성격 및 방식의 기본적 패러다임이 전환되는 것으로 정의하였다. 이를 종합한 것은 〈그림 2-2〉과 같으며, 여기서 확인할 수 있듯 군사혁신은 단지 군사기술의 변화만이 아니면 새로운 기술, 시스템, 전장운영개념, 조직편성, 사회적 변혁 등까지 모두 포함하는 개념이라 볼 수 있다.

〈그림 2-2〉 군사혁신의 요인 및 개념[104]

① 새로운 군사기술(new technologies)

\+

② 새로운 군사시스템(evolving military systems)

\+

③ 새로운 전장운영개념(operational innovation)

\+

④ 새로운 조직편성(organizational adaptation)

104 Ibid., p.511.

+

⑤ 새로운 사회적 변혁 활용(societal adaptation)

- 군사기술혁명(MTR: Military Technical Revolution): ①+②
- 군사분야혁명(RMA: Revolution Military Affairs): ①+②+③+④
- 안보분야혁명(RSA: Revolution in Security Affairs): ①+②+③+④+⑤

군사혁신에 대한 정의와 분류는 다양하지만 군사혁신에 대한 공통적인 견해는 다음 세 가지로 정리할 수 있다.[105] 첫째, 인류 문명과 과학 기술의 변화에 따라 군의 무기체계와 전장운영개념, 조직편성 역시 빠르게 변화되었으며, 최근 그 주기가 단축되었다는 점. 둘째, 역사상 기존 문명이 새로운 문명으로 전환될 때 가장 중요한 군사혁신이 발생했다는 점. 셋째, 기술적 요인이 군사혁신의 주된 견인력이 되었다는 점이다.[106]

이러한 군사혁신의 특성에 비추어 군사전문가들이 예견하는 미래전의 모습은 다음과 같다.[107] 첫째, 정보·지식이 전쟁의 승패를 결정짓는 핵심요인이 될 것이다. 둘째, 미래전에서는 정밀 공격이 가능해짐에 따라 대량파괴와 대량 살상 없이도 승리가 가능할 것이다. 셋째, 전투공간이 지상·해상·공중에 이어 우주 및 사이버공간으로까지 확장되어 미래에는

105 Ibid., p.512.

106 이론적으로는 전쟁수행 개념이 정립되고 그에 따라 무기와 기술 등이 개발되어야 하나, 현대에 들어오면서 과학기술이 급격하게 발달함에 따라 기술 그 자체가 역으로 국가의 사회와 경제, 인간의 생활방식 등을 변혁시키고 있다. 핵무기가 개발되면서 국제정치 역학이 바뀐다거나, 인공지능의 개발로 도덕, 윤리의 기준 등이 바뀌고 있는 것이 그 예로 볼 수 있다.

107 권태영, "21세기 정보사회와 전쟁양상의 변화", 권태영 외, 『21세기 군사혁신과 한국의 국방비전: 전쟁 패러다임의 변화와 군사발전』(서울: 한국국방연구원, 1998), pp.64-67.; 차영구 등(2004), pp.304-308, pp.556-559.

항공·우주전과 정보전, 네트전의 통제 여부에 따라 승리가 좌우될 것이다. 넷째, 새로운 무기체계혁명이 일어날 것이다. 핵무기 정도의 위력을 지닌 비핵무기체계가 등장하고, 레이저무기처럼 빛의 속도로 살상하거나 파괴하는 무기체계, 기상무기·오존무기·환경무기 등도 발전되며, 재래식 무기체계도 성능이 획기적으로 향상될 것으로 기대된다. 특히 인공로봇 등에 의한 무인화 전투, 원격전의 형태로 전개될 것이다. 다섯째, 고도의 정보와 지식으로 무장한 전투원들이 전쟁을 수행할 것이다.

지금까지의 이론을 종합하면 전쟁과 기술력, 문명은 강한 상관관계를 지니고 있기 때문에 과거 현재 미래의 전쟁에 적합한 현실성 있는 군사전략을 결정하기 위해서는 해당 시기, 해당 국가의 기술력을 고려할 수밖에 없다. 그리고 만약 현 상태가 군사전략에 부합하는 수준에 이르지 못할 경우에는 현대전과 미래전에 대비하기 위해서 각 국가는 다시 그 분야의 조직, 기술, 시스템 등에 집중 투자하게 될 것이라는 점이다.

특히 해군에서 이러한 개념은 매우 중요한데, 해양전략의 수단인 군함에 있어 무기체계는 절대적 영향력을 지니기 때문이다.[108] 군함의 성능은 동력, 선체의 강도, 항속거리 등과 함께 탑재한 무기체계에 의해 좌우된다. 역사에 비추어보면 해군 무기체계에 따라 그에 적합한 전술, 작전, 전략이 도출되었다. 기뢰의 등장이 기뢰부설함과 소해함이라는 새

108 지상에서 싸우는 육군의 경우 전차 등의 이동수단이 없어도 전투 수행이 가능하지만 해군의 경우 함정이 없다면 해전이라는 개념 자체가 성립하지 않는다. 즉 해군의 경우 함정은 그 존립의 물리적 기반이라는 점에서 존재 자체에 결정적 의미를 지닌다. 박상섭, 『테크놀로지와 전쟁의 역사』(서울: 아카넷, 2018), p.271.

로운 종류의 함형을 만들어냈고, 동시에 소해작전, 해양봉쇄 등 이전과 다른 작전과 전략이 만들어졌다. 어뢰 발명의 경우에도 소형 어뢰정의 등장과 이에 대응하기 위한 구축함의 개발을 가져왔고, 이는 다시 해상교통로 보호, 전략적 억지라는 새로운 작전개념과 전략이 도출된 것이다. 때문에 해양전략 결정요인을 연구하기 위해서는 해당 국가의 해군 무기체계 수준과 방향 등이 어떠했는지 반드시 검토되어야 한다.[109]

109 2차 세계대전 이후 항공기술과 원자폭탄, 미사일의 눈부신 진보는 공군의 시대를 열었고, 그 결과 영국과 독일에서는 공군이 '무기의 전문화'라는 명목으로 해군의 항공력까지 장악하게 되었다. 미 해군은 이에 맞서기 위해 해군의 다양성을 강조하면서 '바다로부터의 군사력 투사'(Power Projection From the Sea), 중거리탄도미사일(IRBM) 폴라리스 등을 통한 '제한된 억지력'(finite deterrence) 전략을 개발하여 공군의 핵전략 독점을 타파할 수 있었다. George W. Baer(2005); Ken Jones & Hubert Kelley, Jr. 저, 김주식 역, 『알레이 버크 제독』(서울: 한국해양전략연구소).

참고문헌

단행본

_ 강영오, 『안보, 군사 및 해양전략의 혁신』(서울: 도서출판 신우, 2012)

_ ______, 『해양전략론, 이론과 적용』(서울: 한국해양전략연구소, 1998)

_ 국방부, 『국방백서 2018』(서울: 국방부, 2019)

_ ______, 『한국적 군사혁신의 비전과 방책』(서울: 국방부, 2003)

_ 권태영·서주석, 『자주국방개념연구』(서울: 한국국방연구원, 1996)

_ 길병옥·박재필·조차현, 『국가안보론』(대전: 충남대학교출판문화원, 2015)

_ 김동성, 『한반도 동맹구조와 한국의 신대외전략』(서울: 한울아카데미, 2011)

_ 뉴 밀리터리 패러다임(New Military Paradigm), 『4세대전쟁』(서울: 집문당, 2010)

_ 문정인·김기정·이성훈 편, 『협력적 자주국방과 국방개혁』(서울: 오름, 2004)

_ 박상섭, 『테크놀로지와 전쟁의 역사』(서울: 아카넷, 2018)

_ 박주현·성채기 외, 『참여정부의 국방비전과 적정국방비』(서울: 한국국방연구원, 2004)

_ 반길주, 『국제 현실정치의 바다전략, 해양접근전략과 균형적 해양투사』(서울: 한국해양전략연구소, 2012)

_ 이근욱, 『왈츠 이후』(서울: 한울아카데미, 2009)

_ 이성만 등, 『국가안보의 이론과 실제』(서울: 오름, 2015)

_ 이성연, 『국방경제론 I』(서울: 대명출판사, 2000)

_ 이성연 등, 『국방관리론』(대구: 선코퍼레이션, 2008)

_ 이원우, 『다자안보협력의 한계와 제약』(서울: 한국학술정보, 2009)

_ 이월영, 박기홍, 이희석, 주영민, 김성진 편저, 『국방경제학의 이해』(서울: 황금소나무, 2014)

_ 이종학·길병옥, 『군사학개론』(충남대학교출판문화원, 2016)

_ ______, 『한국군사사 연구』(대전: 충남대학교출판문화원, 2010)
_ 이한구, 『칼 포퍼의 열린사회와 그 적들 읽기』(서울: 세창미디어, 2014)
_ 전제국, 『지식정보화 시대의 전략환경과 국방비』(한국국방연구원, 2005)
_ 정정길 등, 『정책학원론』(서울: 대명출판사, 2003)
_ 차영구·황병무, 『국방정책의 이론과 실제』(서울: 오름, 2004)
_ 해군전력분석시험평가단, 『해양전략용어 해설집』(대전: 해군본부, 2017)
_ 허홍범·한종엽, 『세계를 움직인 해전의 역사』(서울: 지성사, 2012)
_ Bartholomees, J. Boone Jr. edit, *U.S. Army War College Guide to National Security Issues Volume Ⅱ: National Security Policy And Strategy 5th Edition.* U.S. Government US Army, 2012.
_ Castillo, Jasen & Lowell, Julia & Tellis, Ashley J. & Munoz, Jorge. & Zycher, Menjamin. *Military Expenditures and Economic Growth.* Santa Monica: Rand, 2001.
_ Cohen, Raymond. *Threat Perception in International Crisis.* Wisconsin: University of Wisconsin Press, 1979.
_ Corbett, Julian, *Some Principles of Maritime Strategy.* The Perfect Library, 1911.
_ Department of the Navy, NWP10(A), *Naval Warfare*(Washington D.C.: Department of the Navy, 1961)
_ Evera, Stephen Van. *Causes of War: Structures Power and the Roots of International Conflicts.* Itcha, NY: Cornell University Press, 1999.
_ Gray, Colins S. *Modern Strategy.* Oxford University Press, 1999.
_ Hudson, V. M., *Foreign policy analysis: Classic and contemporary theory.* Rowman & Littlefield Pub, 2007.
_ Jervis, Robert. *Perception and Misperception in International Politics.* Princeton, NJ: Princeton University Press, 1976.
_ Jordan, David eds, *Understanding Modern Warfare.* UK: Cambridge University Press, 2016.
_ Kolodziej, Edward A. *Security and International Relations.* Cambridge: Cambridge University Press, 2005.

_ Liddell Hart, B. H. *Strategy: The Indirect Approach.* London: Faber & Faber, 1967.

_ Morgenthau. Hans J. *Politics among Nations: The Struggle for Power and Peace.* New York: Alfred A. Knopf, 1963.

_ Paret, Peter ed., *Makers of Modern Strategy.* Princeton: Princeton University Press, 1986.

_ Richmond, H. W. *Statesmen and Sea Power.* Oxford: Clarendon Press, 1946.

_ Rosenau, J. N., & I. N. I. NetLibrary, *The study of world politics.* New York: Routledge, 2006.

_ Ruggie, John Gerard. "Multilateralism: The Anatomy of an Institution," *Multilateralism Matters: The Theory and Praxis of an Institutional Form,* New York: Columbia University Press, 1993.

_ Snyder, Glenn H. *Alliance Politics.* Cornell University Press, 2007.

_ Till, Geoffrey. *Maritime Strategy and the Nuclear Age.* London: Macmillan Press, 1984.

_ ______. *SEA POWER: A Guide for the Twenty-First Century.* 2009.

_ Walt, Stephen M. *The Origins of Alliance.* Ithaca and London: Cornell University Press, 1990.

_ Waltz, Kenneth N. *Theory of International Politics.* New York: McGraw-Hill, 1979.

_ Watkins, J. D. "The Maritime Strategy,"in *The Maritime Strategy.* U.S. Naval Institute, Jan. 1986.

_ Yager, Harry R. "Toward an Understanding of Military Strategy," *Guide to National Security Issues Volume Ⅰ.* June 2008.

번역서

_ Allison, Graham and Zelikow, Philip 저, 김태현 역, 『결정의 엣센스-쿠바 미사일 사태와 세계핵전쟁의 위기』(서울: 모음북스, 2005)

_ Baer, George W. 저, 김주식 역, 『미국 해군 100년사』(서울: 한국해양전략

연구소, 2005)

_ Buzan, Barry Gordon 저, 김태혁 역, 『세계화시대의 국가안보』(서울: 나남신서, 1991)

_ Corbett, Julian 저, 김종민·정호섭 공역, 『해군전략론』(서울: 한국해양전략연구소, 2009)

_ Creveld, Martin Levi van 저, 이동욱 역, 『과학기술과 전쟁 – B.C. 2000부터 오늘날까지』(서울: 황금알, 2006)

_ Dupuy, Trevor Nevitt 저, 박재하 역, 『무기체계와 전쟁』(서울: 병학사, 1987)

_ Hammes, Thomas X. 저, 한국국방연구원 역, 『21세기 전쟁-비대칭의 4세대 전쟁』(서울: 한국국방연구원, 2010)

_ John Baylis 외 저, 하영선 외 역, 『세계 정치론』(서울: 을유문화사, 2016)

_ Jones, Ken and Kelley, Hubert Jr. 저, 김주식 역, 『알레이 버크 제독』(서울: 한국해양전략연구소)

_ Mahan, Alfred Thayer 저, 이윤희·김득주 역, 『해군전략론』(서울: 동원사, 1974)

_ ______, 김주식 역, 『해양력이 역사에 미치는 영향1』(서울: 책세상, 2006)

_ Till, Geoffrey 저, 배형수 역, 『21세기 해양력』(서울: 한국해양전략연구소, 2011)

_ Toffler, Alvin and Toffler, Adelaide Elizabeth Heidi 저, 이규행 역, 『전쟁과 반전쟁』(서울: 한국경제신문사, 1997)

논문

_ 권태영, "21세기 정보사회와 전쟁양상의 변화", 권태영 외, 『21세기 군사혁신과 한국의 국방비전: 전쟁 패러다임의 변화와 군사발전』(서울: 한국국방연구원, 1998)

_ 김강녕, "자주국방 비전과 국방비 적정규모", 「한국군사」 제17호 (2003.9)

_ 박호섭, "제2차 세계대전 이후 미국 해양전략의 변화와 결정요인", 충남대학교 박사학위 논문, 2006.

_ 손경호, "제4세대 전쟁 이론의 검토와 구조적 문제점 분석", 「국방대학교

교수논총」 제22권 1호, 통권 제64집 (2014.12)
_ 전재성, “동맹이론과 한국의 동맹정책”, 「국방연구」 제47권 제2호 (2004.12.)
_ 최종철·이민룡 “한국의 저강도 분쟁 전략”, 「국방연구」 제42권 제2호 (1999)
_ Herz, John. “Idealist Internationalism and the Security Dilemma,” *World Politics.* Vol. 2, No. 2, January 1950.
_ Lind, William S. “Understanding Fourth Generation War,” *Military Review.* September/October 2004.

해양전략 이론 형성에 영향을 준 지상전략 이론과 현대적 함의•

• 이 연구는 『STRATEGY 21』 제21권 1호(2018)에 실린 같은 제목의 논문이다.

Ⅰ. 서론

정치·사회과학은 지적으로 훈련된 학자들에 의해 조직화된 지식으로, 논리적 이해와 적절한 증거를 필요로 하는 학문이다.[1] 그리고 정치·사회과학이론은 복잡한 현실을 설명하고, 이해하고, 그리고 해석하기 위한 방법이자 틀로써, 우리가 매일 마주치는 다양한 추상적인 사회현상을 어떻게 이해해야 하는지, 그리고 무엇에 가치를 두고 보아야 할지를 가르쳐주는 방향을 말한다. 특히 좋은 이론은 단순히 현상을 보여주는 것에서 나아가 논리적인 깊이와 이해를 제공해 준다.[2]

복잡한 정치·사회적 결과물로 발생하는 '전쟁'의 영역에서 왜 전쟁을 일어나는지 근본적인 원인을 고민하고, 전쟁의 원리와 방식, 개념, 그리고 승리 결정요인과 원칙들을 찾아내려고 한 많은 군사전략 이론가들이 있었다. 그들의 수많은 이론들은 시간이 흐름에 따라 다양한 장소, 안보환경 속에서 검증받았고, 그 결과 일부는 수정되거나 또 일부는 폐기되었다. 하지만 현대에 이르러서도 우리에게 새로운 영감과 아이디어를 주며 진화하는 군사전략 이론들도 다수 존재한다.

그러나 안타깝게도 현대에 이르기까지 각각의 군사전략 이론들 자체

1 Gerry Stoker, "Introduction." in David Marsh and Gerry Stoker eds, *Theory and Methods in Political Science*(Houndmills, MACMILLAN PRESS LTD, 1995), p.7.

2 Gerry Stoker(1995), pp.16-17.

에 대한 연구는 활발한데 비하여[3], 지상전략과 해양전략 혹은 항공전략 이론들 상호간의 연관성에 대한 연구는 많이 이뤄지지 않고 있다. 특히 무엇보다 초기 위대한 해양전략가들이 많이 배출되었던 19세기, 수많은 위대한 해양전략 서적들이 쏟아져 나왔음에도 불구하고, 해양전략 이론 형성 과정에 대한 연구는 많이 진행되지 않고 있다. 이는 아마도 현대의 우리에게 잘 알려진 클라우제비츠, 조미니, 리델하트, 풀러, 앙드레 보프르 등 대부분의 서양 군사전략 이론가들이 19세기 프랑스 혁명과 나폴레옹 전쟁 이후 혹은 1·2차 세계대전 당시의 지상전을 통해 이론을 발전시켜 나갔기 때문에 지상전 위주의 전략적 고려가 많은 반면, 해양전략 이론들은 '바다'라는 해양환경의 특수성에 기인할 뿐만 아니라 대부분 1·2차 세계대전 이후에 형성된 경우가 많아 서로 전혀 다른, 그리고 상관없는 원리와 방식, 개념들이 적용될 것이라고 막연히 생각하기 쉽기 때문이 아닌가 생각된다. 그렇다면 정말 해양전략 이론들은 기존 지상전략 이론에서 자유로운 것일까?

놀랍게도 많은 해양전략 이론가들은 본인의 저서를 통해 해양전략 이론 형성의 바탕이 되었던 지상전략 이론들을 직접 밝히고 있으며, 실

3 호이저는 2002년 클라우제비츠 『전쟁론』 관련 논문들을 분석한 글을 통해 몰트케와 슐리펜, 포슈와 베른하르디 등 대부분의 전략 이론가들이 『전쟁론』의 발전적 내용과 다양한 논의를 무시하고 나폴레옹 시대의 결전을 이상적 전쟁으로 해석한 부분만을 옹호, 19세기 말과 20세기 초 군사학계에서 한쪽 방향만의 연구가 진행되었음을 비판하였다. 하지만 그는 해양전략에 응용한 콜벳과, 중국 내전에서 인민해방군을 승리로 이끌었던 마오쩌둥의 두 부류는 현실주의적인 클라우제비츠의 논리를 동시에 이해했으며 이를 응용할 수 있었던 소수의 인물들로 평가하고 있다. 베아트리체 호이저 저, 윤시원(옮김), 『클라우제비츠의 전쟁론 읽기』(서울: 일조각, 2016), p.260.

제 이들의 해양전략 이론들은 그들 자신이 영향을 받았다고 밝힌 기존 이론들과 많은 부분에서 유사성을 보인다. 이는 해양전략 이론의 형성 과정에서 그 이전의 지상전략 이론들이 큰 영향을 주었다는 것을 보여주는 것이다. 그러나 동시에 기존 이론들과 차별성을 보인다는 것은 많은 해양전략 이론들이 비록 기존 이론을 바탕으로 하였지만, 그 이론들을 단순히 모방한 것이 아니라 해양의 특수성을 반영·적용하여 그들만의 이론을 정립하였다는 것이고, 그런 점에서 그들의 이론들이 독창적이라는 것 역시 보여주고 있는 것이다.

이에 본 논문은 우리에게 잘 알려진 대표적인 해양전략 이론가들의 이론과 저서를 바탕으로 각 이론 형성에 영향을 주었던 대표적인 지상전략[4] 이론들은 무엇이 있었는지와 함께, 어떠한 점이 유사하고 어떠한 점이 다른지를 살펴보면서 오늘날 우리에게 주는 함의를 파악하고자 한다.

이를 위해 2장에서는 대표적인 지상전략 이론과 해양전략 이론을 통해 각각은 어떠한 특징이 있는지를 살펴보면서 지상전략과 해양전략 이론은 일반적으로 어떠한 공통성과 차이점을 보이는지 알아보고자 한다. 3장에서는 군사전략 이론가들에게 가장 많이 인용되고, 영향을 미쳤다고 일컬어지는 클라우제비츠의 이론들이 영국의 대표적인 해양전략 이론가 줄리안 콜벳의 이론에 어떠한 영향을 미쳤는지 살펴보고, 4장에

4 Land Power, Land Warfare, Continental Strategy, Continental thoery 등의 개념을 사용함에 있어 통상 군사력, (군사)전략이론 등으로 특별한 구분 없이 사용된다거나, 육전전략(이광희, 김종민), 지상전략(박창희), 대륙전략(강영오) 등 다양한 방법으로 번역되어 표현되고 있는데 본 논문에서는 해양전략과의 차이를 명확히 하기 위해 지상전략으로 구분하여 표현하였다.

서는 해양전략 이론의 선구자로 역시 해양전략 이론에서 가장 많이 인용되고 있는 알프레드 마한이 어떻게 조미니의 이론에 영향을 받았는지 살펴본다. 5장에서는 2장부터 4장에 이르기까지의 내용을 토대로 해양전략 이론 형성과정에 영향을 끼친 지상전략 이론들과의 상관성을 종합하면서 현대적 함의를 도출할 것이다.

〈표 1〉 1900년까지 해군사상의 기원 미국과 영국의 사상은 제외[5]

저자	제목	연도	국가
카스티야 알폰소 왕 (King Alfonso of Castle)	바다에서 달성되는 전쟁의 결과 *(De La que & fave por la mar)*	1270	스페인
아마드 빈 마지드 (Ahmad Bin Majid)	해양학의 혜택과 원칙/항해의 원칙과 규칙에 관한 유익한 자료서	1489	아랍에미리트
술래이만 알 마린 (Suleiman al Malin)	해군과학 정복을 위한 기초	1511	오만
앙투랑 데 콩플랑 (Antoine de Conflans)	함대와 항해의 본질 *(Les Faisz La marine et de la navigaie)*	1516	프랑스
알론소 데 차베스 (Alonso de Chaves)	선원들의 안경 *(Expejode navegantes)*	1538	이탈리아

5 비록 해양전략이 19세기 말과 20세기 초에 마한을 필두로 많은 관심이 집중되긴 했지만, 결코 현대에 와서 새롭게 창시된 것은 아니다. 〈표1〉에 보는 것과 같이 세계 각지에서 훨씬 오래전부터 해양전략에 관한 다양한 주제에 대해 연구되어 왔다. 제프리 틸은 그럼에도 불구하고 미국과 영국을 대표하는 마한과 콜벳이 현대해양전략에서 지배적인 것은 그들의 개념적인 통찰력 때문이기도 했지만, 부분적으로 그들이 속했던 국가가 해양국가였고, 그들의 언어가 국제적으로 접근이 용이했기 때문이라고 평가하고 있다. 제프리 틸(Geoffrey Till) 저, 배형수(옮김), 『21세기 해양력』(서울: 한국해양전략연구소, 2011), p.96-97.

판테로 판테라 (Pantero Pantera)	해군 *(L'armata navale)*	1614	프랑스
투르빌 백작 (Conte de Tourville)	신호와 건축	1691	프랑스
피에르 폴 호스테 (Pere Paul Hoste)	함대술 또는 해군혁신에 관한 논문 *(L'Art de armees navales or traite des evolutions navales)*	1697	프랑스
모로그 자작 (Vicomte de Mofogues)	해군전술 또는 신호술 발전에 관한 논문 *(Tacriques naval ou traite des evolutions et des signaux)*	1763	프랑스
그르니에 자작 (Vicomte de Grenier)	해상전쟁술 또는 해군전술 *(L'Art de la Guerre sur Mer ou Tacrique Navale)*	1787	프랑스
오디베르 라마투엘레 (Audibert Ramatuelle)	해군전술에 관한 기본과정 *(Cours Elementaire de Tactique Navale)*	1802	프랑스
줄리오 로코 (Giulio Rocco)	해양력의 연구 *(Riflessioui sul potere marittimo)*	1814	이탈리아
장 그리벨 제독 (Real Admiral Jean Grivel)	해군 연구 *(Considerations Navale)*	1832	프랑스
장 그리벨 제독 (Real Admiral Jean Grivel)	함대에 대하여 *(De La Marine Militaire)*	1837	프랑스
베레진 중령 (Lt Capt. V. Berezin)	해군전술 *(Morskaya Taktika)*	1880	러시아
스테판 마카로프 (Stepan O. Makarov)	해군전술에서 문제 토의	1898	러시아
도메니코 보나미코 (Domenico Bonamico)	해양력 *(Il potere Maritime)*	1899	이탈리아

II. 지상전략 이론과 해양전략 이론

1. 지상전략 이론

많은 전략이론서가 지적하듯 '지상전략'을 '해양전략'이나 '항공전략'과 따로 분리하여 정의하고 설명하는 것은 매우 어렵다.[6] 이는 우리가 일반적으로 '군사전략'이라고 정의하거나 설명할 때의 전략은 곧 지상에서의 전략을 의미해왔기 때문이다.[7]

이는 전략이라는 용어의 어원이나 개념의 발전을 살펴보면 명확해진다. 서양에서의 전략strategy이라는 용어는 희랍어 'strategos-장수의 책략'art of the general[8]에서 유래되어 나폴레옹 시대 이전까지 주로 지휘관의 용병술의 의미로 여겨져 사용되었다. 이후 나폴레옹 전쟁 등 전쟁의 규모 커지고 성격과 양상이 총력전으로 달라지면서부터 클라우제비츠를 비롯한 많은 군사사상가들에 의해 전략이라는 용어도 국가전략, 대전

6 와일리는 군사전략 관련 이론을 해양이론(Maritime Theory), 항공이론(Air Theory), 대륙이론(Continental Theory), 마오쩌둥이론(Mao Thoery)으로 세부적으로 구분하고, 각각의 특성이 어떻게 다른지를 설명한 뒤 이 때문에 각 군들이 이해하는 전략개념과 원칙은 모두 다를 수밖에 없음을 주장하였다. J. C. Wylie, Military Strategy(MD: Annapolis, Naval Institute Press, 2014)

7 박창희, 『군사전략론』(서울: 프래닛미디어, 2017), p.209.

8 이종학, 『전략이론이란 무엇인가-「손자병법」과 「전쟁론」을 중심으로』(유성: 충남대학교출판문화원, 2012), p.5.

략, 작전술, 전술 등으로 세분되었을 뿐만 아니라 내용도 체계화되었다. 그리고 오늘날 전략이라는 용어는 군사적인 범위를 넘어서는 비군사적인 개념까지 포함하여 사용되고 있다.

이처럼 역사를 통해 지상전략이 곧 군사전략이라고 인식시킬 만큼 지상전은 전쟁 승패와 나아가 정치적 결과에 영향을 미치는 핵심적인 부분이었다. 이는 콜벳이 주장한 바와 같이 인류가 사는 곳은 육지이기 때문에, 육지 즉 영토의 지배가 곧 국가의 능력과 정부의 합법성, 신뢰성 등에 직결되기 때문이다.[9] 지상전에서 영토의 점령은 전투, 나아가 전쟁의 승패를 좌우해왔다.

이외에도 지상전은 다양한 위치, 기후, 인구밀도 등 복잡하고 다양한 전투 환경의 조합 때문에 작전의 다양성을 지닐 뿐만 아니라, 산악, 강, 바다 등의 복잡한 지형을 극복해야 한다는 점에서 기동이나 사격시 불확실성 등의 제한사항이 존재하게 된다는 특징을 지닌다. 이러한 지상전의 제한사항friction이나 불확실성opacity은 장애물로서 뿐만 아니라 적 공격의 효과를 감소시켜 주기도 한다.

또한 지상전은 육상에서 이루어진다는 특징 때문에 병력과 물자, 화력 등 다양한 요소가 결합된다는 복잡성과 병력 중심적인 특성을 지니고, 해전이나 항공전보다는 상대적으로 덜 무기체계에 의존적일 뿐만 아니라 장기전이 가능하다는 특징을 지닌다. 또한 지상전만으로 전략적이고 정치적인 목적을 달성할 수 있다는 점에서 결정력을 지닌다고 할

9 Christopher Tuck, "Land Power," in David Jordan and James D. Kiras eds, *Understanding Modern Warfare* (UK: Cambridge University Press, 2017), p.85.

수 있다.

지상전은 시간이 흐름에 따라 전쟁론, 전쟁술 등의 체계적인 군사전략이 등장할 수밖에 없을 정도로 규모가 점점 커져왔고, 화력의 정확도나 공격범위 등에 있어 급진적인 발전이 있었으며, 조직과 규모 등의 복잡한 조합과 기술 발전에 의한 정보처리 능력 향상으로 이제 어떻게 군대를 지휘 통솔할 것인가에 대해 숙제를 던지고 있다. 군수 역시 커지는 지상전의 규모에 따라 중요성이 커지고 있으며, 항공세력 등의 합동작전의 중요성 역시 커지고 있다. 이에 대응하기 위해 육군은 공세적 작전, 우세한 지역 획득을 위한 효과적 기동, 기습 등을 통한 초기 승리, 결정적 지점에 대한 집중, 일관된 지휘 통솔 등을 강조한다.

2. 해양전략 이론

해전에 대한 특별한 원칙과 개념은 해양과 해군만이 지니는 독특한 특징에서 기인한다. 해양전략이 정립된 마한 시기와는 달리 지금은 눈부신 기술의 진보가 전술에 큰 영향을 미치고 있지만, 환경 그 자체가 변화는 것은 아니기 때문에 해양전략을 이해하기 위해서는 그 시발점이 된 해양환경과 이를 극복하려는 인간의 능력에서부터 출발해야 한다.[10]

10 Ian Speller, "Naval Warfare", in David Jordan and James D. Kiras eds, *Understanding Modern Warfare*(UK: Cambridge University Press, 2017), pp.159-162.

'해양환경'은 바다 그 자체를 의미하던 과거와 달리 오늘날의 해양환경은 육상, 하늘을 포함한 바다의 영향력이 미치는 범위 전체를 의미한다. 바다는 지구의 70%를 차지하기 때문에 육상과 거리와 이동 개념부터 다를 수밖에 없다. 전·평시 지형지물에 크게 영향을 받는 육상에 있어서 모두가 연결되어 있는 바다는 장애물로 작용하지만, 역으로 생각하면 모두가 연결되어 있기 때문에 바다를 통하면 어디든 접근할 수 있다고도 볼 수 있다. 때문에 역사적으로 수송로 등으로서 경제활동에 큰 기여를 해온 것이다. 또한 바다는 사람이 살지 않는다. 이는 물리적으로 점령하거나 요새화시킬 수 있는 육상과 달리 절대적이고 영구적인 지배가 불가능하다는 뜻이다. 이러한 특징들 때문에 해군은 기동성, 융통성, 다양성, 지속성, 운반능력 등의 특징을 지닐 수 있다. 또한 육군과는 다르게 다른 국가를 자극함 없이 이동이나 정박할 수 있어 군사적 기능뿐 아니라 외교적 기능을 담당할 수 있는 것이다.[11]

해양전략은 이러한 해양과 해군의 독특한 성질에 기인하고 있으며, 특히 19세기 말에서 20세기 초 마한Alfred Thayer Mahan과 콜벳Sir Julian Corbett 등의 선구적인 해양전략가들을 통해 현대적 의미의 해양전략의 체계가 잡혔다고 볼 수 있다.[12] 이들은 제해권command of the sea, 함대결전decisive battle, 공세적 행동offensive action과 세력의 집중concentration of force, 현존함대fleet-in-being, 봉쇄blockade, 호위cover, 해양통제와 거부sea control

11 K. Booth, *Navies and Foreign Policy* (New York: Crane, Russak & Company Inc., 1977)

12 Ian Speller(2017), p.164.

and sea denial, 해양통제의 행사exploiting sea contol 등의 해양전략 용어들과 이론들을 정립하였는데, 이들 핵심 개념들은 오늘날까지도 영향력을 미치고 있다.[13]

13 각각의 개념과 이론들은 Julian Corbett, *Some Principles of Maritime Strategy* (London: Perfect Library, 2015), pp.199-237. 강영오, 『해양전략론』(서울: 한국해양전략연구소, 1998), pp.77-84. Ian Speller(2017), pp.164-173. 등을 참고할 것.

Ⅲ. 클라우제비츠와 콜벳

1. 주요 개념

가. 클라우제비츠의 『전쟁론』[14]

독일프로이센 출신의 클라우제비츠는 기존과는 전혀 다른 방식으로, 즉 역사상 최초로 시민군대를 동원한 프랑스혁명 전쟁과 뒤이은 나폴레옹 전쟁에 참전했던 경험을 바탕으로 『전쟁론』을 집필하였다. 『전쟁론』은 총 8편 128개 장절로 구성되어 전쟁의 본질, 전쟁을 구성하는 요소와 상호관계 등이 담겨있다. 특히 그가 죽기 전 유일하게 완성한 1장 1편 '전쟁의 본질'에는 그의 핵심사상이라고 할 수 있는 절대전쟁과 현실전쟁, 전쟁의 목적과 수단, 마찰과 삼위일체 등의 개념이 담겨있다.

클라우제비츠는 "전쟁이란 적을 굴복시켜 자기의 의지를 강요하기 위해 사용하는 일종의 폭력행위"로 정의하면서, 전쟁의 목적은 적에게 나의 의지를 강요하는 것이고, 전쟁의 목표는 적의 저항력을 무력화시키는 것이며, 이를 위해 사용하는 물리적 폭력은 전쟁의 수단이라고 주장하였다.[15] 그의 이러한 절대전쟁은 이론적으로 적이 완전히 저항하지 못하

14 클라우제비츠 저, 김만수(옮김), 『전쟁론1』(서울: 갈무리, 2006)

15 김연준, "클라우제비츠의 전쟁론", 『군사사상론』(서울: 군사학연구회, 2016), p.135.

는 상태, 즉 무장해제 될 때까지 계속되며, 이를 위해 폭력을 무제한적으로 사용하게 되는 극단성과 절대성을 특징으로 한다.[16]

그러나 그는 실제 현실세계의 전쟁이란 "정치적 목적에 지배되는, 하나의 정치수단으로 존재"한다고 보았다. 여기서 정치적 목적은 양측의 의지와 노력의 정도에 따라 달라지는데, 달라진 정치적 목적은 군사목표와 노력의 크기 역시 달라지게 만든다. 그는 여기에 전쟁의 위험, 육체적 노력, 불확실성, 우연성 등의 '마찰' 개념을 도입하여 왜 현실전쟁이 절대전쟁과 다르게 나타나는지를 설명하였다.

클라우제비츠는 또한 결말 부분을 통해 전쟁을 '놀랄만한 삼위일체'로 묘사하였는데 그가 말한 전쟁의 3요소, 삼위일체란 국민과 관련된 폭력성과 적대감, 군대와 관련된 우연과 개연성, 정부와 관련된 정치적 종속성을 말한다.

> "전쟁은 맹목적이며 천부적인 힘으로 간주될 수 있는 원초적인 폭력, 즉 증오와 적의로 이루어져 있으며, 창조적인 정신이 마음껏 활개를 치는 우연과 개연성의 도박이며, 정책의 도구로서의 종속적인 요소 - 이 때문에 전쟁은 오로지 이성의 지배만을 받게 된다 - 로 이루어진

16 클라우제비츠는 절대전쟁이 발생할 수 있는 경우를 특별한 상황으로 제한했다. 즉, ①전쟁이 과거와 무관하게 고립된 행위로 갑자기 발생하는 경우 ②전쟁이 단 한 번의 결전이나 동시에 발행사는 결전으로 구성되어 있는 경우 ③전쟁에 이어지는 정치적 상황이 전쟁에 전혀 영향을 미치지 않으면서 전쟁이 독자적으로 종결되는 경우이다. 그러나 현실세계에서 이 조건들이 실현되는 것은 거의 불가능하기 때문에 그의 절대전쟁은 현실 세계에서는 발생할 수 없는 이념적이고 관념적인 개념으로 볼 수 있다. 김연준(2016), pp.136-137.

삼위일체이다. 이들 세 국면 가운데 첫 번째는 주로 국민에 관련되어 있고, 두 번째는 지휘관과 그의 군대에 관련되어 있으며, 세 번째는 정부와 관련되어 있다.

전쟁의 이러한 세 가지 성향은 법률의 세 가지 규약처럼 그들이 관계되어 있는 주제에 깊이 뿌리박혀 있으며, 상호 간의 관계는 항상 변화한다. 이들 성향 가운데 어느 하나를 무시하거나 상호 간의 관계를 독단적으로 고정시키고자 하는 이론은 너무나 현실과 모순되기 때문에 이러한 이유만으로도 그 이론은 전혀 쓸모없는 것이 될 것이다."[17]

나. 콜벳의 『해양전략론』[18]

줄리언 콜벳Julian Corbett은 클라우제비츠가 사망한 지 20여 년 후에 태어나 1차 세계대전이 발발하기 전까지 영국에서 해양전략에 관한 한 가장 중요한 인물이자 영향력을 크게 발휘했던 인물이다. 해군 경험은 전혀 없었지만 해군의 내부 조언자로서 세계대전 당시 영국 해군 개혁과 정책에 중요한 영향을 미쳤다는 점에서 특이한 경력을 지닌 해양 전략가이기도 하다.

그의 이론이 체계적으로 정리되어 있는 『해양전략론』은 당시 해군정책 및 전략의 핵심인물이었던 콜벳 자신이 해양전략에 관해 발전시킨

17 Michael Howard, Clausewitz(UK: Oxford University Press, 1983), p.73.

18 Julian Corbett, Some Principles of Maritime Strategy(London: Perfect Library, 2015)

개념과, 해군대학에서 해군사 강의 시 사용한 강의노트들로 구성되어 1912년 출판되었다. 콜벳은 클라우제비츠는 물론 조미니Jomini, 폰 데어 골츠Von der Golz, 폰 카에머러Von Caemmerer, 크라프트 공Prince Kraft과 같은 권위 있는 군사 전략가들의 글을 광범위하게 읽고 이해하고 있었으며, 이를 바탕으로 해전의 이론 역시 이러한 일반적인 전쟁이론으로부터 분리될 수 없다고 주장하였다.[19]

『해양전략론』이라는 책 제목 자체에서 암시하듯 콜벳은 서문을 통해 자신이 다루고자 하는 주제가 해군을 넘어서는 해양의 범위임을 밝히고 있다. 인간은 지상에 근거를 두고 있기 때문에 해군 단독으로 전쟁의 승패를 결정할 수 없다고 본 그는, 해군 전략은 함대의 이동을 결정하는 부분인데 반해 해양전략은 해군이 지상군과의 작전을 어떻게 할 것인가를 두루 포함하는 포괄적 개념으로 설명하였다.[20]

책은 크게 전쟁이론을 다룬 1부, 해전이론을 다룬 2부, 마지막 해전의 수행 측면에서 살펴본 3부의 본문으로 구성되어 있다. 전쟁의 본질을 공격과 방어, 제한과 무제한 전쟁, 제한전쟁과 무제한 전쟁에서의 해양의 역할 등을 포함하고 있는 1부 전쟁이론에서는 전쟁이라는 수단은 반드시 정책이라는 목적을 고려해야 함을 강조한다. 2부 해전이론에서

19 줄리안 콜벳(Julian Corbett) 저, 김종민·정호섭(공역), 『해양전략론』(서울: 한국해양전략연구소, 2009), p.19. 김기주, "머핸과 코벳의 해양전략사상", 군사학연구회 『군사사상론』(서울: 플래닛미디어, 2016), p.352.

20 콜벳은 해군전략은 해양전략의 한 부분에 불과하며, 보다 상위의 개념이 해양국가에게 성공적인 전쟁을 위한 지혜를 알려준다고 설명한다. 특히 그는 바다와 육지 간 독립성을 설명하면서, 동시에 상호작용 역시 필수적임을 강조하였다. Julian Corbett(2015), pp.5-9.

는 목적과 수단, 방법의 세 측면에서 해전을 설명하며, 3부 해전의 수행에서는 해전과 지상전의 상이성과 해군작전의 형태에 대해 다루고 있다.

콜벳은 전쟁이론을 통해 전쟁이란 정책의 도구이기에 전쟁은 항상 정치적 목적을 고려해야 하며, 해전과 같은 군사적 행동 역시 정책 달성을 위한 하나의 수단이라고 주장했다. 때문에 전쟁의 목적과 성격은 정책에 따라 결정되는 것이고 그런 의미에서 전쟁의 정치적 목적이 무제한적이냐 제한적이냐에 따라 공격 혹은 방어전략을 취해야 한다고 하였다.

해양전략에 있어서 제해권을 영구적이고 절대적으로 보고 제해권 확보 자체를 강조했던 마한과 달리 콜벳은 "제해권은 상대적이고 일시적인 것"이라며 "제해권 장악은 목표를 달성하기 위한 하나의 수단일 뿐이며, 제해권 장악 자체가 목적인 경우는 없었고 목적이 될 수도 없다"고 해상교통로의 통제를 중시하였다. 그에게 제해권 행사 방법은 아국의 해양 통항을 보장하는 반면, 적의 해양 통한은 거부하는 작전들을 의미했다.[21]

> "제해권이란 영토의 점령과 같은 전략적 조건을 형성하는 동일한 뜻이 아니다. … 중략 … 제해권은 상업적 목적이나 군사적 목적의 해양 통항의 통제에 불과하다. … 중략 … 적의 해양 통항의 점령과 교통 요지의 봉쇄는 적의 해양 국가 활동을 파괴하고 적이 해외 의존적인 한 적국의 육지 활동을 견제하게 된다."[22]

21 김기주(2016), pp.354-355.

22 줄리안 콜벳(2009), pp.129-131.

해전의 수행을 다룬 3부는 콜벳의 해양전략 이론의 독창성을 잘 볼 수 있는 부분이다. 그는 해전과 지상전이 다른 원칙이 적용된다는 결론을 바탕으로 완전상태에서는 결전과 봉쇄가, 분쟁상태에서는 현존함대와 소규모 대응공격이, 제해권을 완전히 획득한 상태에서는 지상군과의 협동작전이 이루어진다는 해군작전의 형태를 제시하였다.

2. 유사성과 상이점

콜벳의 이론의 시발점이 되는 부분은 본문의 1부 전쟁이론이다. 서문을 통해 콜벳은 전쟁은 정치적 목적에 따라 사용되는 하나의 수단으로 정의하면서 해전 역시 정치 목적의 성격에 따라 좌우될 수밖에 없음을 밝히고 있기 때문이다. 이는 클라우제비츠 전쟁론의 1장 1편 '전쟁의 본질'에서 주장한 정치의 우위성을 인정하는 것으로 콜벳 이론의 출발점이 클라우제비츠였음을 명백히 보여주는 부분이다. 이에 따라 콜벳은 해전의 목적은 단지 해군 작전의 성공, 혹은 제해권 확보가 아니라 정치적 목적에 따라 외교적 영역과 군사적 영역을 조화시켜야 하고, 나아가 지상군의 합동작전으로 정치적 목적을 달성해야 한다고 주장한다.

"해군 수뇌부는 정부의 각료들에게 정부가 외교를 통해 추구하는 정책이 무엇인가, 그리고 정책이 실패해 군사적 수단을 사용해야 할 것이라고 보는 이유는 무엇인가를 질문해야 한다. 사실 해군 수뇌부는 외교를 통해 목적을 달성하지 못할 가능성을 염두에 두어야 하며, 해군이 사용할 수단은 외교적 목표에 좌우된다는 점을 유념해야 한다 … 중략 … 전쟁은 정치의 연장으로서 문서 대신 전투로 수행하는 정치적 교류이다. 클라우제비츠는 전쟁은 국제관계이며, 단지 정치적 목적을 달성하기 위한 방법적 측면에서만 여타 국제관계와 다를 뿐이라고 보았다."[23]

또한 콜벳은 클라우제비츠가 주장한 바와 같이[24] 전쟁 목적에 따라서 방어 전략을 취해야 한다고 주장하였는데, 클라우제비츠의 공격과 방어 이론에 기반을 둔 그의 주장은 결전을 중시하는 당시 영국사회에서 받아들이기 힘든 부분이었다.[25]

"공격과 방어는 전쟁의 본질적인 성질이며 이는 상호보완적이라는 것이 진리이다. 모든 전쟁과 전쟁의 모든 형태는 공격과 방어를 내포함

23 베아트리제 호이저(2016), p.262.

24 클라우제비츠는 『전쟁론』의 마지막 권인 〈전쟁계획에 관하여(On War Plans)〉에서 방어에 대해 다음과 같은 두 가지 점을 주장했다. 첫째, 방어의 목적이 아무리 부정적이라 할지라도 공격보다 더 강하다. 땅을 빼앗기보다는 지키는 게 더 쉽고, 남의 것을 얻기보다는 내 것을 지키기가 더 쉽다. 둘째, 방어란 본질적으로 두 가지 면으로 이루어져 있다. 즉 적의 공격을 기다리는 것과 공격을 받아넘기는 것이다. Michael Howard(1983), pp.52-54.

25 1911년 해군본부위원회는 콜벳의 『Some Principles of Maritime Strategy』의 출간에 동의하면서 서문에 "본 위원회는 이 저작에서 주장하는 몇 가지 원칙, 특히 전투를 추구하고 전투를 통해 전쟁을 종결하려는 행위의 중요성을 과소평가하는 경향을 전적으로 반대한다"고 추가했다. 베아트리제 호이저(2016), p.262.

에 틀림없다. … 중략 … 만약 지상이나 해양을 이용하여 유리한 방어적 위치를 차지한다면 그 위치는 적이 그곳에 도달하기 전까지는 붕괴되지 않을 것이며 강탈의 이점은 우리가 소유할 것이다. … 중략 … 즉 방어의 핵심은 대응공격으로서 타격을 위한 기회를 기다리는 것이지 비활동적인 상태로 움츠려 있는 것이 아니다. 방어는 제한된 활동의 한 형태이지 휴식의 상태가 아니다. … 중략 … 전략적 방어는 지상에서와 같이 해양에서도 흔히 있었던 전쟁수행 형태였으며, 문제는 적이 방어적 태세를 취했을 경우 이를 어떻게 분쇄하느냐 하는 것이다."[26]

제한전쟁과 절대전쟁의 개념 역시 콜벳이 저서에서 밝히고 있듯 클라우제비츠의 이론에 기반한다. 그러나 콜벳은 동 시기의 다른 사상가들과 달리 클라우제비츠의 사상이 초기 집필 시에는 절대전쟁만을 인지한 상태였으나, 후반기를 집필하면서 무제한전쟁을 인식하기 시작했다는 변화를 알아채며,[27] 독일의 대륙전략 이론과 영국의 해양전략 이론은 차이가 있음을 지적했다.

26 줄리안 콜벳(2009), pp.75-83.

27 클라우제비츠는 최초에 적군의 타도·격멸을 목표로 하는 '절대전쟁'을 신봉하다가, 다음은 국경 부근에서 적의 영토 일부를 침략하려는 '현실전쟁'으로 전환했고, 나아가 "전쟁이란 다른 수단을 가지고 하는 정책의 계속"이라고 발전해갔다. 그가 현실전쟁으로 전향하게 된 이유는 첫째, 고대로부터 나폴레옹 전쟁까지의 전쟁사를 면밀히 분석·연구해 본 결과, 대부분이 제한된 목표를 가지고 수행된 현실전쟁임을 확인한 것. 둘째, 적군의 타도·격멸을 목표로 하는 절대전쟁을 추구하면, 이웃 나라와 미래의 우호관계를 잃고 복수전의 반복이 예상되었기 때문이다. 이종학(2012), pp.121-123.

"그의 전쟁론 8편 중 7편까지는 전쟁형태의 구분이 분명하지 않다. 제8편에서 그의 사상이 분명히 제시되었지만 8편도 완전한 것이 되지 못했다. … 중략 … 그는 초기 전쟁론 집필 시 겪었던 모든 어려움나폴레옹의 전쟁수행 방식만을 배타적으로 고려했던 어려움을 해결해 주는 것으로 믿었다. … 중략 … 그가 더 오래 살았다면 그의 사상을 이해하기 쉽게 전개하였을 것이다. … 중략 … 요약해서 우리는 나폴레옹 시대의 전쟁의 교훈으로서 전쟁이론이란 단일의 절대적 사상을 기반으로 하는 것이 아니라 제한과 무제한의 이중적 특성에 기반한다는 사실을 제시해야 한다. … 중략 … 명심해야 할 것은 대륙전쟁이 커다란 국제문제 해결을 위한 유일한 형태는 아니라는 점이다. 이제 우리는 해양이 전쟁에서 직접적이며 극히 중요한 요소로 부각되는 현대 국제사회의 환경을 위한 그들클라우제비츠, 조미니 사상에 대한 검토와 그들이 기피한 주제에 대하여 논의를 시작해야 한다."[28]

그리고 거기서부터 콜벳만의 독창적인 해양전략 이론이 시작되는 것이다.

콜벳은 클라우제비츠가 적의 국경 지방의 일부를 점령하거나 영토나 지역이 고립되어 있어 가능하다고 생각했던 무제한 전쟁은 실제 무제한 전쟁으로 확대된다거나 정치적 가치가 없기 때문에, 실제 제한전쟁은 해전에서만 가능하다고 보았다.

28 줄리안 콜벳(2009), pp.84-93.

"제한된 목적의 개념을 만족시키기 위하여 두 가지 조건 중 하나는 필수적이다. 첫째는 지역의 제한뿐만 아니라 목적의 제한된 정치적 중요성이며, 둘째는 전략적으로 고립되거나 전략적인 작전에 의하여 실제로 고립시킬 수 있어야 한다. 만약 이러한 조건들이 존재하지 않는다면 클라우제비츠 자신이 보았던 것과 같이 교전 쌍방은 원하기만 한다면 무제한 전쟁으로 치달을 수 있게 되며 영토점령의 목표를 무시하고 적의 심장부를 공격하여 더 이상 저항하지 못하게 하는 전쟁으로 내닫게 된다. … 중략 … 따라서 우리는 다음과 같은 명제에 도달할 수 있게 된다. 즉 제한전쟁은 도서국가나 해양으로 분리된 국가들에게만 가능하다. 그러한 국가들이 제한전쟁을 추구할 경우 목표를 고립시킬 수 있을 능력의 보유뿐만 아니라 본국을 침공 불가능하게 할 정도의 해양을 통제할 능력을 갖추고 있어야 한다. 여기서 우리는 소위 제해권이라 불리는 최고의 군사적 가치의 진정한 의미에 다다르게 되며 강력한 육군을 보유한 대륙국가에 대항하여 성공한 영국의 비결에 접근하게 된다."[29]

그리고 그는 영국이 해전이라는 제한전쟁을 통해 제해권을 확보했기 때문에 강력한 육군을 보유한 대륙국가에 대항하여 성공할 수 있었다고 보았다.

29 줄리안 콜벳(2009), pp.94-101.

"영국의 제한된 형태의 전쟁수행 방식은 대륙의 그것과 분명하게 반대되는 경향을 보여주고 있다. … 중략 … 이러한 경향은 또한 영국의 환경에 가장 적합한 전쟁형태를 본능적으로 선택한 분별성 이외는 다른 이유가 없다. 그러한 성향은 본능적으로 대단히 강하여 영국으로 하여금 낮은 차원의 제한전쟁 형태에 적응케 하였을 뿐만 아니라 전쟁목적이 분명한 영토점령과 같은 경우와 전쟁목적이 덜 분명한 경우에도 적용되었다. 앞장에서 설명하였던 바와 같이 영국은 이러한 방법을 적용하였고 그러한 방법이 대부분 성공하였으며 대륙의 동맹국과 적군의 타도와 같은 무제한 목적의 전쟁에 협력하여 전쟁을 수행하였을 때도 성공하였다."[30]

또한 콜벳은 육전의 무제한 전쟁의 모습, 즉 영토의 점령이라는 개념이 해전에는 다르게 적용된다며, 해전의 목적은 직접, 간접으로 제해권 확보를 위하거나 적의 제해권 확보를 방지하는 것으로 지향되어야 한다고 하였다. 영토는 점령되어 지배될 수 있으나, 해전의 경우 가장 일반적인 상황은 어느 측도 완전한 제해권을 확보하지 못한, 즉 제해권이 확보되지 못한 해양이었고, 이는 영해 이외의 해양은 소유할 수 있는 것이 아니기 때문이다. 그렇다면 결국 피, 아 모두에게 해당되는 해양에 관한 권리란 통항권, 그리고 육지 통항수단의 장애물의 역할에 불과하다는 결론에 이르게 된 것이다. 결국 콜벳에게 제해권의 목적은 해양 통항의

30 줄리안 콜벳(2009), pp.117-118.

통제였고, 이러한 해양 통항의 통제는 다양한 형태나 다양한 수준으로 존재하기 때문에 결코 절대적이거나 영구적이 아니라는 점이 콜벳이 주장한 제해권의 근본적인 원리이자 문제의식의 시작점이었던 것이다.

IV. 조미니와 알프레드 마한

1. 주요 개념

가. 조미니의 『전쟁술』[31]

조미니는 프랑스와 러시아에서 활동했던 스위스 태생의 군인이자 군사이론가, 역사가이다. 전쟁의 원리를 과학적이고 체계적으로 규명하기 위해 노력한 근대 군사과학의 창시자로 클라우제비츠와 함께 19세기 군사학을 대표하는 군사이론가이다. 그가 1801년~04년 프리드리히 대제의 전역을 심층적으로 분석해서 발표한 「대전술에 관한 논문」은 나폴레옹에게 깊은 인상을 남겼고, 이를 계기로 그의 참모장교로 울름전투1805, 아일라우 전투1806에 참전하면서 이론가이면서 동시에 군인으로서의 능력도 인정받는다. 후에 러시아 장교로 대 프랑스전에 참전할 뿐만 아니라 육군사관학교를 창설하고, 1869년 숨질 때까지 러시아 황실의 군사고문으로 여생을 보낸다.

이러한 그가 남긴 서양 군사이론의 기반이자, 군사과학의 시초로 불리는 『전쟁술』은 "시공과 무기체계의 변화를 초월하여 불변하는 전쟁의

31 앙투안 앙리 조미니(Antoine Henri Jomini) 저, 이내주(옮김), 『전쟁술』(서울: 책세상, 2014)

원리들을 도출하고 이를 체계화"[32]했다는 평가를 받고 있다.

그는 『전쟁술』을 전략strategy, 대전술grand tactics, 군수logistics, 공병engineering, 요새진지·소전술minor tactics 5가지의 큰 분야로 나누어 설명하고 있는데, 그중 그의 군사이론의 시발점이자 핵심이론은 '전략' 부분에 담겨있다. 그는 전략을 '결정적 지점decisive point에 병력을 집중시키는 것'이라 보았고, 이어 전술은 '결정적 충격이 일어나야만 하는 전장의 결정적 지점에 실제로 병력을 투입하여 행동에 옮기는 것'이라 설명하였다. 그리고 결정적 지점이 판단되면, 지형조건 및 적군의 배치 상황 등을 종합적으로 고려하여 작전선을 설정하고, 올바로 선정된 작전선을 따라 작전지대의 결정적 지점에 부대를 집중하여 연속적으로 투입하는 것이 전쟁 승리의 핵심이라고 주장했다. 또한 내선작전interior lines of operation에 대해 강조하며 적의 취약 부분에 병력을 집중하여 병력의 우위를 점해야 한다는 것도 강조하였다.

조미니는 이를 위해 프리드리히와 나폴레옹 전역을 분석하여 실질적인 원리를 도출하고, 각종 군사용어들을 체계적으로 정립함은 물론 각종 도해를 통하여 이를 증명하였다. 비록 그는 클라우제비츠와 달리 전쟁과 정치의 관계에 대해서는 거의 주목하지 않아 후대의 학자들에게 비판되고 있으나, 이는 그가 전쟁의 개념을 전역으로 한정하였기 때문이

32 클라우제비츠가 정치·철학적인 관점에서 전쟁의 본질을 규명하려 했다면, 조미니는 과학적이고 기하학적인 관점에서 시공을 초월해 적용될 수 있는 전쟁의 불변 원칙을 찾고자 했기 때문에 군사학이 하나의 학문으로서 정립될 수 있는 길을 열어주었다고 볼 수 있다. 유상범, "조미니의 군사사상", 군사학연구회 『군사사상론』(서울: 플래닛미디어, 2016), p.170.앙투안 앙리 조미니(2014), p.473.

고, 그는 그 개념 범위 안에서 작전행동은 전쟁의 목적에 종속되어야만 하고, 장군은 전역에서의 작전선 선택에 따라 정치적 목적, 즉 일정한 지역을 획득할 수 있다고 주장한 것이다.

무엇보다 조미니는 상륙전은 물론이고 해전에 대해서도 관심을 갖고 분석한 선구적인 군사이론가였으며, 그가 『전쟁술』을 통해 보여준 주요 해상원정 작전에 대한 분석은 뒤이어 살펴볼 마한의 해양전략에도 깊은 영향을 미쳤다.[33] 조미니의 군사정책, 전략과 전술, 군수, 부대대형, 정보, 통신 등의 설명에서 도출한 결정적 지점, 작전선, 공세작전·방어, 기동, 군수지원 등에 대한 개념들이 이제 살펴볼 마한의 해양전략 이론 곳곳에 등장하는 것이다.

나. 알프레드 마한의 『해양력이 역사에 미치는 영향』[34]

알프레드 세이어 마한Alfred Thayer Mahan은 세계적으로 가장 영향력 있는 해군전략가 중 한 사람으로 제1차 세계대전 이전 미국의 대외정책과 영국, 독일, 일본 등 수많은 나라의 해군 발전에도 큰 영향을 미쳤다. 해

33 미국의 남북전쟁 기간 동안 미국의 장군들은 한 손에는 무기를, 다른 한 손에는 조미니의 『전쟁술』을 들고 전투에 임했다고 할 정도로 조미니의 영향은 컸다. 이후 해상의 조미니로 불리며 내선 전략에 대해 깊은 관심을 가졌던 알프레드 마한에 의해 조미니의 영향은 빠른 속도로 확산이 되었다. 이렇게 나폴레옹의 전승의 원리를 과학적이고 체계적으로 쉽게 설명한 『전쟁술』은 초창기 미국에 큰 영향을 미쳤고, 특히 대규모 군을 활용한 집중과 선형 전투개념은 지금도 남아 미군에서 유지되고 있다. 유상범(2014), p.198.

34 알프레드 세이어 마한(Alfred Thayer Mahan) 저, 김주식(옮김), 『해양력이 역사에 미치는 영향1, 2』(서울: 책세상, 2006)

군사관학교 생도 시절부터 책을 좋아했던 그는 해군으로 복무하면서 극동아시아, 유럽, 남미로의 원양항해를 통해 시야를 넓혔고, 1885년부터 해군대학에서 함대전투의 전술과 해양력의 역사적 역할에 대해 강의를 하며 해군대학 학장을 역임하기도 하였다. 전역 후에는 해군장관의 자문관, 해군 재조직위원회 등에서 해군정책에 관한 자문역을 수행했다. 특히 해군대학 폐교론까지 거론될 정도의 '해군 무용론'이 있었던 19세기에, 해양력의 중요성을 논리적으로 강조하여 당시 미국이 해양력을 바탕으로 세계적인 강국으로 발돋움할 수 있도록 기초를 만들었다는 점에서 해군 역사상 가장 영향력이 컸던 이론가라 할 수 있다.[35]

그는 1890년 『해양력이 역사에 미치는 영향 1660~1783』 출간을 통해 공격적이고 집중적인 전투함대offensive battle fleet의 결전을 통해서 공격적인 해양통제offensive sea control, 즉 제해권command of sea을 획득한다는 당시에는 파격적이고 새로운 전략을 제시했다. 마한은 해군을 국가 정책의 중심에 위치시켰고, 또한 역사적 사례에 대한 분석을 바탕으로 국민의 광범위한 지지를 얻기 위한 해군의 호소에 대해 이론적 근거를 제공했다.

35 마한이 책을 출판한 그해에 트레이시(Benjamin Tracy) 해군장관은 공격적인 전투함대를 요구하는 연례보고서(Annual Report)를 간행했고, 의회는 그 해에 인디아나(Indiana)급 일급 전함 3척의 건조를 승인하는 해군법령(Naval Act)을 통과시켰다. 마한의 해양력의 개념에 대한 정치적, 사회적 호소는 100년 동안 공격적인 함대를 보유한 해군을 국가의 중심에 위치시키는 역할을 했다. 조지 베어(George W. Baer) 저, 김주식(옮김), 『미국 해군 100년사』(서울: 한국해양전략연구소, 2005), pp.2-3.

〈그림 1〉 1986년 미 해군의 해양전략The Maritime Strategy[36]

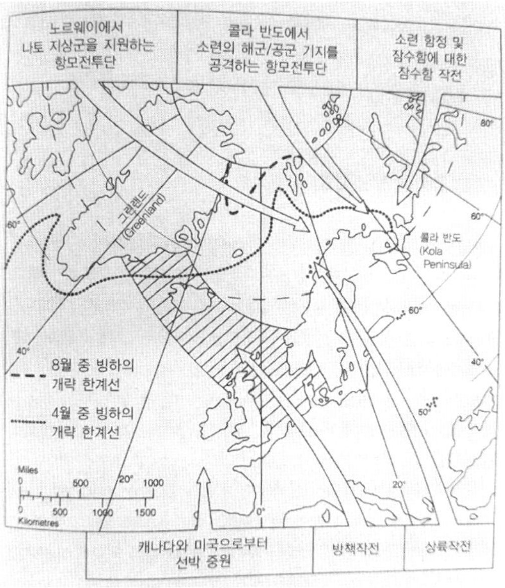

그는 이 책을 통해 해양력이 유럽과 미국의 역사에 어떠한 영향을 미쳤는지를 역사적 경험을 보여줌으로써 해양력이 역사의 진로와 국가의 번영에 미친 영향을 명확하게 밝힐 수 있기를 희망했다. 구체적으로 각 장의 내용을 살펴보면, 먼저 1장에서는 바다를 무역로이자 교통로로서 표현하며 해양력의 3요소와 영향을 미치는 6요소를 설명했다. 그는 해양력의 3요소로 해운업, 그것을 보호하는데 충분한 해군력, 그리고

36 조지 베어(Georgy Baer)는 해양전략(The Maritime Strategy)의 목적을 "전진 배치와 대형함대를 갖춘 해군의 공세적인 가치에 대해 내부적 합의를 구축하고 마한의 권고에 따라 대중과 전문가의 지원을 확보"하는 것이라고 말했다. 1986년에 일반에 공개된 미 해군의 해양전략은 이러한 마한의 생각이 20세기 후반까지도 생생하게 살아있다는 점을 극명하게 보여주었다. 제프리 틸(2011), pp.109-111.

그 생산물을 소비하는 식민지를 꼽았고, 일반적으로 해양력에 영향을 주는 조건에는 지리적 위치, 자연조건, 영토의 크기, 인구수, 국민성, 정부의 성격 등 여섯 가지가 있다고 보았다.

2장부터 13장까지 12개의 장은 1660~1783년까지 스페인, 프랑스, 네덜란드, 영국 등 해전의 역사를 비판적으로 분석하여 각 전쟁의 원인, 경과, 그리고 결과를 설명하였다. 그리고 그 결과를 통해, 비록 해양력 자체만으로 국가를 위대하게 만들 수는 없지만, 해양은 국가가 위대하게 만드는데 반드시 필요했었고, 동시에 다른 국가들로 하여금 강제로 양보하게 만들 수 있는 핵심적 역할을 했다는 것을 보여주고자 하였다. 마한은 결국 사실상 영국이 어떻게 대영제국을 형성했는지 해전의 역사를 통해 증명하면서 미국도 역사의 교훈을 따라 바다로 눈의 돌리고 해양력의 가치를 새롭게 인식하기를 희망했던 것이다.[37]

2. 유사성과 상이점

마한은 제해권의 개념을 최초로 제시한 영국의 존 콜롬John Colomb과의 교류를 통해 인식의 폭을 넓혔지만, 그의 전략이론에 가장 큰 영향을 미친 사람은 앞서 살펴본 바와 같이 조미니였다.

37 알프레드 세이어 마한(2006), pp.887-891.

"내가 내 앞에 있는 많은 해군 역사서적을 이러한 방식으로 연구하도록 자극을 받은 것은 원칙적으로 조미니의 저술을 읽고 난 이후였다. 군사적 책략에 대한 고찰들이 거의 없거나 아주 적은데, 나는 조미니가 서술한 그 고찰들로부터 많은 것을 배웠다. … 중략 … 나는 그러한 해군역사를 바탕으로 순수하고 영구적인 교훈을 추출할 수 있었다."[38]

실제 마한은 해전을 분석하면서 조미니의 핵심 개념을 통해 역사의 결과를 설명하였다. 마한의 해양전략의 핵심은 강한 해군을 통해 제해권을 확보하는 것이다. 제해권이 확보되면 평시에는 자유로운 무역과 통상을 보호하여 국가의 경제성장에 기여하고, 전시에는 전쟁의 승리를 보장한다. 마한은 이를 위해서 집중concentration, 중앙선과 중앙위치central line of position, 내측행동선 또는 내선interior line of movement or interior line, 그리고 해상교통로communications의 중요성을 강조했는데[39], 이는 조미니가 강조한 결정적 지점과 그에 대한 집중, 작전선, 공세작전·방어, 기동, 군수지원이 집약되어 나타난 것이라 볼 수 있다.

38 Alfred T. Mahan, From Sail to Steam: Recollection of Naval Life (Harper & Brothers, 1907), p.273. 알프레드 세이어 마한(2005), p.881에서 재인용.

39 마한은 그의 강의록이자 또 다른 대표 저서인 『해군전략론(Naval Strategy Compared and Contrasted with the Principles and Practice of Military Operations on Land)』의 서론을 통해 4가지 주제에 대한 중요성과 가치가 있다고 밝히고 있으면서, 이 원칙들을 1976년 프랑스·오스트리아 전쟁, 1635년~48년의 프랑스와 동맹국, 그리고 오스트리아와 동맹국 간의 전쟁, 1652년~54년의 영국과 네덜란드 전쟁을 통해 설명하고 있다. 알프레드 세이어 마한(Alfred Thayer Mahan) 저, 이윤희, 김득주(옮김), 『해군전략론』(서울: 동원사, 1974)

먼저 조미니는 지상전에서 결정적 지점에 대한 병력의 집중에 대해 강조한 것과 같이, 마한도 중요 지점에서 전술적인 진형을 갖추어 함대 세력과 화력을 집중시키는 것이 필요하다고 강조했다.

"해상에서 영국함대의 질서정연한 진형보다 더 아름다운 것은 없다. 영국함정들에 의해 형성된 전열보다 더 반듯하게 그어진 선은 없다. 따라서 그들은 자신에게 다가오는 적에 대해 모든 화력을 집중시킬 수 있다. … 중략 … 그들은 규칙에 의해 조종되는 기병대처럼 싸우고, 전적으로 적에게만 집중하여 전력을 다한다. 반면에 네덜란드 함대는 각각 분리하여 출발하는 기병대처럼 개별적으로 임무를 수행한다."[40]

마한은 집중에 대해 "단 한마디로 표현할 수 있다면, 병술military art의 모든 것을 포함한다고 말할 수 있는 단어"라며 이는 해군의 화력을 한 곳에 모아놓은 것, 즉 함대의 집중concentration을 의미한다고 하였다. 때문에 그는 함대를 결코 분리해서는 안 된다고 주장하였다.[41]

또한 세력의 집중이 필요한 전략적 위치central position와 작전선lines of operation에 대한 조미니의 개념과 같이,[42] 수에즈 운하라는 중앙적 위치를 공격할 경우 지중해나 인도양의 분산된 세력을 모두 격파할 수 있다고

40 알프레드 세이어 마한(2005), p.210.

41 조지 베어(2005), p.22.

42 강영오(1998), pp139-140.

설명하였다. 청일전쟁 역시 일본이 한반도 진해에 세력을 집중하고 내선 작전선interior lines of operation으로 전 함대가 단기간 내에 신속히 기동할 수 있었으나, 여순과 블라디보스토크에 함대를 분산시켰던 러시아는 외선 작전선exterior lines of operation으로 기동, 세력의 집중에 실패했다고 설명하고 있다.[43]

해상교통로는 조미니의 군수지원 개념과 관련 깊다. 마한은 바다를 지상로와 같이 교통로communication이자 무역로, 보급로, 수송로로 보았다. 하지만 해상은 육상보다 훨씬 쉽고, 값이 싸며, 더 안전하고 시간도 덜 걸리는 이점이 있음을 지적하며 경제적 차원의 해양력의 중요성을 강조하는 것이다. 또한 이러한 해상교통로는 해군에 의해서만 보호받을 수 있기에 마한은 넓은 의미의 해양력은 이 두 가지 즉, 경제적 의미와 군사적 의미가 모두가 포함된다고 설명하였다.

> "넓은 의미의 해양력은 무력에 의해 바다나 바다의 일부분을 지배하는 군사력뿐만 아니라 평화로운 통상과 해운도 포함하고 있다. 해군 함대는 이러한 평화로운 통상과 해운에 의해서만 자연스럽고 건전하게 생겨날 수 있고 또한 그 위에서 안정된 기반을 다질 수 있다."[44]

43 알프레드 세이어 마한(1974), p.11.

44 알프레드 세이어 마한(2005), p.76.

V. 결 언

전략이론은 '사람들이 죽고 사는 일이자, 나라가 존속하고 망하는 갈림길이 되는 나라의 중대한 일, 즉 전쟁'[45]과 관련된 일이다. 전략이론은 전쟁이라는 현실을 이해할 수 있도록 하면서, 미래를 예측하며 전쟁을 보다 효과적으로 억지하거나 혹은 수행할 수 있도록 수단과 판단의 틀을 제공한다.[46]

해양전략의 개념과 원칙 등을 체계적으로 정립했던 마한과 콜벳 등은 항상 클라우제비츠, 조미니, 나폴레옹, 몰트케 등 수많은 군사전략가들의 사상과 이론을 가까이하며 본인의 것으로 이해하려고 하였다. 그리고 기존 개념과 이론들을 그대로 모방하고 답습한 것이 아니라 해양과 해군이 지상과 육군과 다른 점은 무엇인지, 그렇다면 그러한 개념과 원칙을 어떻게 새로운 해양환경에 적용해야 하는지 과거 해전의 역사에 비추어보며 고민했다. 이런 과정을 통해 그들은 기존의 지상전략에서 공통적으로 취할 것과 새롭게 적용해야 하는 원칙들을 발견하고 주장할 수 있었던 것이다.

45 SUN TZU, translated by Thomas Cleary, The Art of War (Boston: Shambhala Publication, 1988), p.1.

46 이종학(1992), p.56.

그 결과 클라우제비츠의 영향을 받은 콜벳은 정치의 우위성, 공격과 방어전략, 제한전쟁과 무제한전쟁의 개념에서, 조미니의 영향을 받은 마한은 집중, 중앙선과 중앙위치, 내선작전선, 해상교통로군수지원을 강조했다는 유사성을 보였다. 하지만 동시에 콜벳은 지상전과 해전의 목적, 수단, 방법 등의 차이점을 통해 해양전략의 개념과 원칙을 새롭게 세웠고, 마한 역시 그동안 주목받지 못했던 해전의 경험과 역사적 사실들을 통해 기존 지상전략 개념과 원칙이 어떻게 해양전략에 다르게 나타나고 적용되는지를 증명해냈다.

왜 이들은 지상전략을 바탕으로 새로운 해양전략 이론을 세운 것일까? 필자는 마한의 생각을 통해 현대적 함의를 도출하려 한다. 마한은 육전의 경험이 해군전략에 큰 도움이 되기 때문에 이를 교훈으로 삼아야 한다고 주장했고, 그 이유에 대해 첫째, 예부터 육전은 해전보다 훨씬 많았고, 따라서 이들의 자료를 토대로 정식의 연구를 함으로써 근본적 원칙을 발견하고자 크게 노력한 결과, 그 서술에 있어서는 해전보다도 훨씬 발달되었다는 점. 둘째, 증기추진법이 출현함으로써 예부터 육전과 해전의 주요 차이점이었던 원동력의 불활실성이 감소되었다는 점을 들었다. 이어 그는 "해양전략이라는 새로운 건물을 세우기 위해서는 기존의 좋은 지상전략을 기초로 삼아 그 위에 새로운 건물을 지을 수 있어야 하고, 그 건물이 완공되고 나면 이전보다 더 뛰어난 모습에 그

누구도 그 건물이 예전의 건물이라고는 생각하지 못한다"고 말했다.[47]

사람의 목숨과 나라의 운명을 좌우할 중대한 일을 풀어갈 수 있는 근본적 방법과 원칙, 이를 찾기 위해 수많은 군사전략이론가들은 수많은 전투경험과 역사, 그리고 사색 등을 통해 노력했다. 해양전략 이론이라는 결과 역시 그렇게 만들어진 전략개념과 이론 위에 해양이라는 새로운 환경과 조건 속에서 살아남기 위해 고민하고 노력했던 '청출어람'의 결과였던 것이다. 과거의 산물에서 만족하지 않고 끊임없이 우리에게 필요한 새로운 전략을 만들어내는 것, 그것이 미래의 해양전략가들에게 필요한 모습일 것이다.

47 알프레드 세이어 마한(1974), p.115.

참고문헌

_ 강영오, 『해양전략론』(서울: 한국해양전략연구소, 1998)

_ 김기주, "머핸과 코벳의 해양전략사상," 군사학연구회『군사사상론』(서울: 플래닛미디어, 2016)

_ 김연준, "클라우제비츠의 전쟁론," 『군사사상론』(서울: 군사학연구회, 2016)

_ 리안 콜벳(Julian Corbett) 저, 김종민·정호섭(공역), 『해양전략론』(서울: 한국해양전략연구소, 2009)

_ 박창희, 『군사전략론』(서울: 프래닛미디어, 2017)

_ 베아트리체 호이저 저, 윤시원(옮김), 『클라우제비츠의 전쟁론 읽기』(서울: 일조각, 2016)

_ 알프레드 세이어 마한(Alfred Thayer Mahan) 저, 이윤희, 김득주(옮김), 『해군전략론』(서울: 동원사, 1974)

_ 알프레드 세이어 마한(Alfred Thayer Mahan) 저, 김주식(옮김), 『해양력이 역사에 미치는 영향1, 2』(서울: 책세상, 2006)

_ 앙투안 앙리 조미니(Antoine Henri Jomini) 저, 이내주(옮김), 『전쟁술』(서울: 책세상, 2014)

_ 유상범, "조미니의 군사사상," 군사학연구회 『군사사상론』(서울: 플래닛미디어, 2016)

_ 육군본부, 『대륙국가와 해양국가의 전략』(충남: 육군본부, 1977)

_ 이종학, 『전략이론이란 무엇인가-「손자병법」과 「전쟁론」을 중심으로』(유성: 충남대학교출판문화원, 2012)

_ 제프리 틸(Geoffrey Till) 저, 배형수(옮김), 『21세기 해양력』(서울: 한국해양전략연구소, 2011)

_ 조지 베어(George W. Baer) 저, 김주식(옮김), 『미국 해군 100년사』(서울: 한국해양전략연구소, 2005)

_ 클라우제비츠 저, 김만수(옮김), 『전쟁론1』(서울:갈무리, 2006)

_ Alfred T. Mahan, *From Sail to Steam: Recollection of Naval Life* (Harper & Brothers, 1907)

_ Christopher Tuck, "Land Power", in David Jordan and James D. Kiras eds, *Understanding Modern Warfare*(UK: Cambridge University Press, 2017)

_ Colin S. Gray, *Maritime strategy, geopolitics, and the defense of the West*(NY: National Strategy Information Center, 1986)

_ Ian Speller, "Naval Warfare", in David Jordan and James D. Kiras eds, *Understanding Modern Warfare*(UK: Cambridge University Press, 2017)

_ Gerry Stoker, "Intoduction." in David Marsh and Gerry Stoker eds, *Theory and Methods in Political Science*(Houndmills: MACMILLAN PRESS LTD, 1995)

_ J. C. Wylie, *Military Strategy*(MD: Annapolis, Naval Institute Press, 2014)

_ Julian Corbett, Some *Principles of Maritime Strategy*(London: Perfect Library, 2015)

_ K. Booth, *Navies and Foreign Policy*(New York: Crane, Russak & Company Inc., 1977)

_ Michael Howard, *Clausewitz*(UK: Oxford University Press, 1983)

_ SUN TZU, translated by Thomas Cleary, *The Art of War*(Boston: Shambhala Publication, 1988)

콜벳의 해양전략 이론으로 살펴본 임진왜란 해전사 연구•

• 이 연구는 2017년 한국해양전략연구소 주관 '제8회 해양학술논문 현상 공모전'에서 장려상을 수상한 같은 제목의 논문이다.

Ⅰ. 서론

임진왜란이라는 민족 존망의 위기 앞에서 백전백승의 신화를 만들며 세계 해전의 역사를 다시 쓴 충무공 이순신. 지도자의 무능력, 당쟁의 폐단으로 마비된 국정, 그리고 무고와 모함으로 인한 백의종군과 지상군의 연전연패 상황 속에서도 必死則生 必生則死필사즉생 필생즉사의 각오로 끝까지 포기하지 않고 조선을 지킨 구국의 영웅이다.

그러나 그의 생애나 리더십 등과 같은 인간적 측면이 상대적으로 부각되어 왔던 반면, 실제 해전이 어떻게 진행되었는지, 어떠한 전략이나 전술 등으로 이길 수 있었는지 등에 대한 과학적이고 이론적인 분석은 일부 전문가들에 의해서만 진행되어 왔다.

또한 해양전략 연구 측면에서도 알프레드 마한Alfred Mahan, 줄리안 콜벳Julian Corbett, 세르게이 골시코프Sergei Gorsnkov 등 서양학자 위주의 연구로 진행 발전되다 보니, 연구되는 사례 역시 서양의 경우가 대부분이고, 동양의 사례라 하더라도 동서양이 연계된 청일전쟁, 노일전쟁과 같은 분야만이 연구되고 있다.

이에 본 연구의 목적은 우리나라 해전사를 바탕으로 한 우리만의 해양전략 연구가 활성화되기를 희망하면서, 해양전략 이론에 큰 영향을 미친 콜벳의 이론 프레임으로 우리나라의 해전사를 해석할 수 있을 것인가 라는 의문에 답하기 위해 쓰여졌다.

많은 해양전략가 중에서 콜벳의 이론을 분석 프레임으로 삼은 이유는 1차적으로는 해양국가의 전략사상가라는 점과, 2차적으로는 임진왜란 당시 상황을 고려할 때 콜벳의 사상이 더 적합하다는 판단에서이다. 뒤에서 자세히 살펴보겠지만 임진왜란 초기 조선은 대륙국가의 해양전략 사상, 즉 해양거부에 중점을 두고 있었으나 이순신 등장 이후 좀 더 공세적이고 적극적인 제해권 확보라는 해양국가의 전략사상으로 변화한다.

그리고 해양국가의 전략가 중에서도 마한 제독의 경우는 해양국가의 내외적 조건을 강조하는 전략과, 많은 함포를 탑재한 대형 전함으로 구성된 강력한 무적함대와 함대 전력을 집중concentration시켜 적 함대를 격파하는 해군 단독의 결정적 해전이라는 영국 해군의 전술을 강조한다. 이에 비해, 콜벳은 상대적이고 제한된 해양통제와 공격과 방어의 유연성, 그리고 지상군과의 합동작전을 강조하고 있다.

물론 어느 이론 하나로 사례를 완벽히 이해하고 설명한다는 것은 많은 제한점이 따르지만 이론의 기능[1]을 고려할 때 우리가 임진왜란 해전사를 어떻게 바라보고, 교훈을 도출해야 할지, 그리고 앞으로의 해전에 어떻게 대응해야 할지 예측할 수 있도록 하는 나침반 역할을 충분히 할 수 있다고 생각한다.

1 첫째, 이론은 연구의 방향을 결정하는 토대가 된다. 둘째, 이론은 현실을 개념화하고 분류할 수 있도록 해준다. 셋째, 이론은 사실을 예측하고 설명할 수 있게 해준다. 마지막으로 이론은 지식의 축적과 보완을 가능하게 해준다. 군사학연구회, 『군사학 연구방법론』(경기도: 북코리아, 2017), pp. 119-123.

II. 콜벳의 해양전략 이론

줄리안 스태포드 콜벳Sir Julian Stafford Corbett 경은 해군 경력이 전혀 없으나 해군에 지대한 영향을 미친 영국의 해양전략가이다. 최초 본인의 해양소설을 집필하며 해전사와 해양전략에 관심을 갖게 된 콜벳은 1983년 해군기록협회Navy Records Society의 창립회원이자 해군역사가로서 해군대학에서 전쟁과정War Course 등의 강의를 맡으며 해군 역사가로 이름을 알렸으며, 당시 해군참모차장인 피셔 대장Sir John Fisher의 지원 아래 영국 해양전략을 구상하여 해군개혁에 공헌하였다.

본인 자신은 해양전략론[3]을 통해 "해군 전략의 문제는 '통항과 교통' 이라는 용어로 축소될 수 있으며, 또한 그것이 아마도 그 문제에 대한 최선의 해결책인 것이다"라고 해양전략 이론의 핵심을 정리하고 있으나[4], 우리는 그의 저서들을 통해 제해권, 함대의 구성, 세력의 집중과 분산 등 해양전략의 수많은 중요 개념과 이론 역시 확인할 수 있다. 때문

2 제프리틸은 그의 글 Maritime Strategy and the Twenty-Fist Century를 통해 냉전 이후 안보환경과 지도층의 변화가 급격히 이뤄지고 있으며, 이런 때일수록 기본으로 돌아가 이에 맞는 변화가 이뤄야 한다고 주장했다. 그는 이를 위해서 합의된 국가정책에 적합한 해군임무에 맞는 함대 작전, 규모와 구성 등을 갖춰야 한다고 역설했다. Geoffrey Till, *Sea Power: Theory and Practice*(FRANK CASS & CO.LTD, 1994), pp.176-197.

3 Julian Corbett, *Some Principles of Maritime Strategy*(Perfect Library, 2015)

4 줄리안 콜벳(Julian Corbett) 저, 김종민 정호섭(공역),『해양전략론』(서울: 한국해양전략연구소, 2009), p.21.

에 본 연구에서는 해양전략론 순서에 따라 콜벳의 핵심 전쟁이론과 해전이론을 살펴본 이후 그가 분류한 해군 작전 유형을 구체적으로 살펴보려 한다.

1. 전쟁의 이론

콜벳은 클라우제비츠, 조미니, 몰트케 등과 같은 전쟁이론에 정통하였으며, 해전의 이론 역시 일반적인 전쟁이론에서 출발한다는 것이 그의 주장이었다.[5] 이에 그의 해양전략 이론 역시 일반적 전쟁이론, 특히 클라우제비츠의 전쟁의 목적[6]과 수단, 제한전쟁과 절대전쟁의 개념이 바탕이 되고 있다. 즉 전쟁의 목적, 즉 정치적 목적과 얻고자 하는 욕망과 중요성에 따라 해전 역시 제한전쟁과 무제한 전쟁이 결정되고, 공격과 방어라는 방법 역시 결정이 되는 것이다. 이때 지상전에서는 제한전쟁의

5 "해군전략은 지식의 분리된 파편으로 존재하는 것이 아니고, 전략은 전쟁술의 한 부분이나 분야일 뿐이다. 장교들은 전쟁술을 연구해야 한다… 다음으로 진정 중요한 절차상의 방법은 전쟁의 전반적인 이론을 이해하는 것이며, 전쟁이론 전체와 해군전략의 정확한 연관성을 확인하는 것이다." Julian Corbett(2015), p.19.

6 "전쟁이란 다른 수단과 더불어 시행되는 정책의 연장에 불과하다", "전쟁이란 다른 여러 수단과 혼합되어 시행되는 정책의 단순한 계속에 불과하다"는 클라우제비츠의 결론과 동일하게 "정책은 항상 목적이며 전쟁은 우리가 얻고자 하는 것을 얻기 위한 수단에 불과하기 때문에 수단은 반드시 목적을 고려해야 한다"고 주장한다. Julian Corbett(2015), pp.19-20.

조건 제약[7]에 따라 실제 제한전쟁 수행이 어려움에도 불구하고 해전에서는 진정한 제한전쟁이 가능하다는 것이다.[8]

또한 그의 이론에서 주목해야 할 것은 책 제목에서 암시하듯 콜벳의 전략은 해양전략, 즉 해양이 주가 되는 개념이었기 때문에, 함대의 이동을 결정하는 해군전략을 넘어서는 지상군과의 행동과 관련한 함대의 행동을 결정하는 분야라고 강조하고 있는 점이다.

> "해양전략의 최대 관심은 전쟁계획에서 지상군과 해군의 상호관계를 결정하는 것이다. 그다음 해군전략은 주어진 임무를 완수하는 데 함대가 최대로 그 기능을 발휘하도록 활동을 시작하게 하는 것이다."[9]

7 첫째는 지역의 제한뿐만 아니라 목적의 제한된 정치적 중요성이고, 둘째는 전략적으로 고립되거나 전략적인 작전에 의하여 실제로 고립시킬 수 있어야 하는데, 제한된 목적의 개념을 만족시키기 위해서는 두 가지 조건 중 하나는 필수적이다.

8 콜벳은 해전의 경우에는 제한조건의 두 가지 조건 충족, 즉 그 전쟁의 목적이 굳이 국가의 모든 힘을 다 동원할 정도로 중요하지 않은 경우, 또한 해양의 물리적 환경으로 실제 그 지역을 완전히 고립시킨다거나 본국으로의 확전을 차단하는 장애물로 작용할 수 있기 때문에 상대적이고 제한된 전쟁 수행이 가능하다고 보았다.

9 Julian Corbett(2015), p.13.

2. 해전의 이론

콜벳은 해전이론을 통해서 목적제해권 확보, 수단함대의 구성, 방법세력의 집중과 분산을 설명한다.

먼저 해전의 목적은 직접, 간접으로 제해권 확보를 위하거나 적의 제해권 확보를 방지하기 위한 것이다. 그러나 제해권은 상대적이고 제한적인 것으로 그 누구도 완전한 제해권을 확보할 수 없다. 이는 영해 이외의 해양은 소유할 수 있는 것이 아니고, 육지를 점령한 것처럼 중립화할 수 없기 때문이다. 때문에 제해권 확보, 즉 해전의 목적은 통항의 통제 여부, 즉 통상방지Commerce Prevention에 있다고 할 수 있다.[10] 제해권 확보 여부는 단지 군사작전에 국한되는 것이 아니며 궁극적으로 통상과 재정에 영향을 미치게 되는데 특히 해상에서의 경제적 압력은 즉각적으로 실시된다.

두 번째 해전의 수단은 함정으로, 함정의 1차적 기능에 따라 함정을 분류하여 함대를 구성하게 되는데, 함대를 구성하는 함정의 등급, 유형은 그 당시의 전략적, 전술적 사상이 반영된다. 해전의 목적은 해양통항의 통제이기 때문에 이를 위해서 특별히 고안된, 보다 많은 수의 함정과 훌륭한 무장으로 통상과 해양 수송을 보호해야 한다.

세 번째 해전의 방법은 세력의 집중과 분산이다. 집중이란 적절한 시

10 Julian Corbett(2015), p.66.

간과 장소에 집결을 완료하는 것을 의미하는데, 해전에서는 지휘관의 의도에 따라 2~3개 기동 조직의 신속한 결합으로 어떠한 지역도 포괄할 수 있고, 신속한 힘의 집중이 보장되는 것을 의미한다. 해양에서의 작전은 지상전보다 훨씬 다양한 조합을 이룰 수 있는 융통성을 가지고 있고, 이러한 다양한 작전의 조합은 신속한 중앙 집결을 통해 적에게 항상 위협을 가할 수 있음을 의미한다. 물론 가용 세력이 열세할 경우의 분산은 순수하게 수동적 방어를 의미하는데, 이는 자신이 공격하는 대신 적이 공격해 오기를 기다리는 것이다. 단 적의 모든 기도에 대해서는 대응타격을 위한 기회로 만들어야 한다.

3. 해전의 수행

지상작전의 전략과 해상작전의 전략은 다음 세 가지 주요 차이가 있다. 먼저 지상전은 가용한 모든 수단을 동원하여 힘과 노력을 한 지점에 최대한 집결시켜 적의 주력을 타도하는 개념이다. 또한 병참선lines of communication의 안전과 관련하여 지상에서는 도로나 철도를 봉쇄하여 적의 기동을 봉쇄하는 것이 가능하며, 마지막으로 오직 적의 군사력을 타도하는 것을 목적으로 노력을 집중하면 된다는 것이다. 반면, 해상에서는 함정들과 적 함대 자체를 제거하는 것은 가능할지 몰라도 적 자체를 타도하는 것은 불가능하다.[11] 또한 해양통항과 관련해서는, 적 함대를 탐색하여 격파하는 것은 육지에서보다 해양에서 더욱 어렵기 때문에 해양을 통한 모든 통항 자체를 원천 봉쇄하는 것은 어렵다. 마지막으로 해양에서는 적의 군사력 격멸과 더불어 해양 통상을 보호하는 것도 전략의 주목적이 될 수 있다.

〈표 1〉 콜벳 전략사상의 요약

구분		분석 중점사항
차원	주체	
전쟁의 목적과 목표	전쟁의 본질	전쟁의 이론, 전쟁의 본질
	전쟁의 성격	공격과 방어, 제한전과 무제한전
	전쟁의 수행	전쟁의 정치적 목적, 전쟁의 군사적 목표, 정치적 목적과 군사적 목표의 조화
해전의 목표와 수단	전쟁의 본질	육전과 해전이 본질적 차이, 해전의 본질
	전쟁의 성격	해전의 목표: 제해권 해전의 수단: 함대 구성 해전의 방법: 세력의 집중과 분산
	전쟁의 수행	제해권의 획득, 제해권의 경쟁, 해상통제의 행사

출처: 김현기, 『현대해양전략사상가』(서울: 한국해양전략연구소, 1998), p.221.

이러한 차이점을 근거로 모든 해군작전은 다음 세 가지로 분류 가능하다. 먼저 상대적으로 우세한 세력을 보유 시에는 함대결전과 해양봉

11 적은 우리의 힘이 미치는 못하는 잘 방어된 항구로 철수할 수도 있으며, 이러한 상황이라면 아무리 강력한 해군력과 공격정신을 보유했다 하더라도 어찌할 수 없다.

쇄의 형태로 제해권을 획득한다. 세력이 불충분할 경우에는 방어전략을 통한 현존함대 원칙[12]과 소규모 대응공격을 통해 제해권을 획득할 수 있다. 그 외에 해양통항을 통제하기 위해서는 적지상군 상륙작전에 대해 방어하거나, 통상에 대해 공격 및 방어를 실시하는 것, 그리고 해외 원정작전 시 공격, 방어, 지원하는 것 등이다.

12 해양에서 방어의 주개념은 현재의 함대 세력으로 유리하게 상황이 진전될 때까지 전략적 기동이나 전술적 행동을 통하여 결전을 회피하는 것을 의미한다. 해전에서 방어전략의 핵심은 끊임없는 경계심과 과감한 대응공격을 통해 계속적으로 적 함대의 관심을 집중시켜 적의 제해권 행사를 방해하는 것을 의미한다.

III. 콜벳의 이론을 적용한 임진왜란 해전사

콜벳은 본인의 이론을 설명한 후 이를 증명하기 위하여 많은 실례를 들고 있으나, 노일전쟁을 제외하고 대부분의 사례는 서양, 특히 영국의 사례를 이용하고 있다. 이에 본 연구에서는 과연 콜벳의 해양전략 이론은 동양, 특히 우리나라 해전사에도 그대로 적용 가능한지를 이 장에서 살펴보려 한다.

이론을 적용해 볼 시기와 사례는 선조 25년壬辰, 1592년 4월부터 31년戊戌, 1598 11월까지이다. 이 시기는 조선 건국 200년에 조선을 침범한 일본군과 맞싸웠던 임진왜란 시기로, 육전은 연패를 거듭하며 전쟁 20여 일 만에 수도 한양을 빼앗기고, 2달여 만에 평양까지 함락당하였으나, 7년의 전란 동안 최악의 상황 속에서도 제해권을 장악하여 전세를 역전시켰던 임진왜란 시기의 해전사가 그 대상이다.

임진왜란은 전쟁 성격과 진행 양상 등에 따라 초기 전쟁기1592~1593.4, 강화 교섭기1593.5~1596, 정유재란기1597~1598.11 등 크게 세 시기로 구분해 볼 수 있다.[13] 물론 임진왜란 전 기간에 걸쳐 오직 일본 수군과 조선 수군

13 이민웅은 학계의 대세는 3시기 구분이라고 밝히고 있으며, 이에 따라 각 시기별 조선 수군의 역할을 구분하였다. 그에 따르면 조선 수군은 초기에 전승을 통해 불리한 전쟁의 국면을 회복시키는 역할을, 강화 교섭기에는 위기를 극복하고 전력 강화에 최선을 다했으며, 마지막 정유재란 시기에는 결정적인 두 차례 해전에서 승리함으로써 7년의 전쟁을 승리로 마무리하였다. 이민웅, 『임진왜란 해전사』(서울: 청어람미디어, 2004), p.18.

의 함정척수만을 고려하여 절대적 전력 차이를 따져본다면 조선 수군은 7년간 단 한 차례도 우세했다고 할 수 없다.[14] 특히 임진 초기 소규모 왜구의 침략 대비용 연안방어전략과 제승방략[15]은 방왜육전론[16]에 기반한

14 본 연구에서는 연구비교의 단순화와 객관성 확보를 위해 함정 척수와 수군의 현황만을 전력 변화의 근거로 사용한다. 난중일기와 임진장초에 기록된 조선수군의 각 해전에 투입된 인원과 함정 수를 고려시(각주 15 참조), 왜군과 엄청난 전력 차가 있었음을 확인할 수 있다. 왜군의 경우 육군 정규 출정병력 158,800명, 전선을 통해 해상을 대비한 수군은 9,000명 외에도 후방경비를 담당한 12,000명, 그 외에도 부대의 선척을 관리하는 등 정규 전투부대 외에도 많은 병력이 출동하였다. 일본이 침입할 당시의 전체병력은 30여만 명 이고 이 모두가 병선에 분승하여 침입하였다는 사실을 생각하고, 一番隊 정규병력을 이끈 소서행장이 4월 14일 오전 8시에 18,700명을 兵船 700여 척에 分乘하고 大浦項을 떠나 오후 5시에 부산 앞바다에 도착했다는 기록을 감안하면, 九番隊까지 얼마나 많은 병력과 병선이 투입되었는지 가늠할 수 있다. 이장희(1999), pp.35-38. 왜군은 출정병력 20만 명을 제외한 군대는 名護屋에 약 10만을 주둔시켰고, 3만 명은 수도 경도를 수비하기 위해 그곳에 두었다.

15 制勝方略의 分軍法은 왜구의 대규모 침입에 대한 대비책으로, 평시에는 육군과 해군이 진관체제에 따라 지역방어에 임하다가 대규모 침공이 있으면 인근의 모든 육군과 해군이 집결하고, 중앙으로 파견된 京長(도원수, 순찰사 등)이 통합지휘하는 일종의 기동방어를 실시하는 개념이었다. 이 제승방략의 문제점은 유성룡의 징비록에 잘 나타나 있는데, 먼 지방과 가까운 지방의 군사들이 한꺼번에 움직여야 하고, 모인 군사들은 멍하니 있다가 장수가 제때에 오지 않게 되면, 먼저 도착한 적에 의해 많은 군졸이 한꺼번에 무너질 수 있다는 점이다. 실제 임진왜란 시 모여있던 군사들은 제때 도착하지 않은 순찰사 등을 기다리다 흩어져 버리거나 적이 먼저 도착하여 장수가 도망가는 경우가 많았다. 서애 유성룡 저, 이재호(옮김), 『징비록』(서울: 위즈덤하우스, 2009), pp.46-48, pp.70-71.

16 방왜육전론의 핵심은 왜구는 전통적으로 해전에 장점이 있는데 반하여 조선은 육전에 능숙함으로써 왜구가 침입해오면 이들이 상륙한 후에 조선육군에 의해 섬멸해야 한다는 것이었다. 張學根, 『朝鮮時代 海洋防衛史』(서울: 창미사, 1989), p.112. 조선육군의 지역방어전략이었던 鎭營體制에 따라 막강한 조선 해군세력을 水使, 僉使 및 萬戶들에게 분산하여 대륙적 해군의 연안방어에 치중함으로써 임란 초기 순식간에 경상도 해군이 전멸되었다. 김현기(1998), pp.66-68. 이러한 문제점은 임란 중에도 계속되어 이순신이 한산도에서 삼도수군통제사가 된 이후 3도 수군에 속한 모든 인원과 군량, 병기 등 모든 명령계통을 일원화하여 그 폐단을 바로잡으려 하였고, 계사년 11월 21일에는 장계를 올려 수군 인원을 우선으로 충원하였다. 조성도(2001), pp.220-222.

조선의 수세적 해양거부전략을 잘 보여주는 것으로, 세종에서 성종으로 이어지는 기간 동안 다져놓은 우세한 수군능력에도 불구하고, 해전에서의 결전을 두려워하는 대륙국가의 해양전략에 머물러 있었던 것이다.

하지만 임진왜란 기간 동안 이순신이 등장하면서 해상결전, 봉쇄 등의 제해권 확보를 위한 해양전략으로 변경되었고, 7년이라는 기간동안 세 시기를 기준으로 조선 수군의 재정비, 통제사 교체이순신에서 원균으로, 다시 이순신으로, 명군의 참전 등 내외부의 요인으로 인한 큰 폭의 전력 변화가 있었기 때문에[17] 최초 옥포해전에서 마지막 노량해전까지 각 시기별로 크고 작은 다양한 해전을 통해 우리는 해양전략 이론을 적용해 볼 수 있다.

17 임진왜란 당시 이순신 함대의 세력은 판옥선 24척, 협선 15척, 포작선 46척으로, 이후 원균의 세력(전선 4척, 협선 2척)을 합쳐 총 91척의 전함대가 옥포해전에 참전하게 된다. 해군본부(2004), pp.249-250. 그러나 당시 협선의 승선인원(5명 이하)과 어선이었던 포작선을 제외한 것이 실제 전력이라 할 수 있다. 이민웅(2004) p.79. 이후 강화교섭기 시기이자 통제사가 원균으로 교체된 후 얼마후인 정유년(1597년) 5월 도원수 권율과 체찰부사 한효순은 도합 180여 척 규모의 함대를 형성할 수 있다고 장계를 올렸다. 이민웅(2004). p.149. 그러나 정유재란기 칠천량해전 이후 명량해전 직전까지 이순신이 확보한 세력은 전선 13척과 초탐선 32척이 전부였다. 조성도, 『명량해전연구』(서울: 해남문화원, 1987), p.99. 이민웅(2004) p.225에서 재인용.

〈표 2〉 세종 때의 수군 군액

구분/도	경기	충청	경상	전라	황해	강원	평안	함길	합계
선군船軍	5,174	8,300	16,602	10,600	3,239	1,103	3,480	1,069	49,567
선직船直	-	114	-	-	-	-	-	-	114
장번長番 수군水軍	618	-	-	-	-	-	-	-	618
초공梢工	-	-	-	103	-	-	-	-	103
합계	5,792	8,414	16,602	10,703	3,239	1,103	3,480	1,069	50,402

출처: 『세종실록』 권 148-155, 「지리지」
(『세종실록』 30, 세종대왕기념사업회 국역본, 339쪽), 이민웅(2004), p.36.에서 재인용.

〈표 3〉 임진왜란에 참전한 일본 수군의 구성 현황

장수 이름 / 병력수	장수 이름 / 병력수
九鬼嘉陸 / 1,500人	營原正影 / 250人
藤堂高虎 / 2,000人	桑山重勝 / 1,000人
營坡安治 / 1,500人	堀內氏善 / 850人
加藤嘉明 / 1,000人	杉若傳三郎 / 650人
來島兄弟 / 700人	合 計: 9,450人

출처: 해군본부, 『한국해양사』(해군인쇄창, 2004), pp.243-244.

1. 전쟁이론의 적용

콜벳은 전쟁이론을 통해서 전쟁의 정치적 목적에 따라 해전은 하나의 수단으로 사용될 수 있으며 지상전과 달리 해전에서는 진정한 제한전쟁이 가능하다고 밝히고 있다. 또한 그의 해양전략은 해군만의 단독작전이 아닌 지상군과의 합동작전을 강조하고 있다.

임진왜란 초기 옥포해전으로부터 한산대첩까지 조선수군의 3차 출전의 전승 이후 일본 수군을 대표하는 와키사카 야스하루의 함대와 구키 가토의 함대 연파 등 일본의 수군 세력은 거의 궤멸되었다.[18] 이로 인해 도요토미 히데요시는 일본 수군에게 '해전 금지'의 명령을 내리고 해안에 축성하도록 하여 일본의 수륙병진 전략과 함대 결전이라는 해양전략의 수정을 불가피하게 만들었고, 일본이 전쟁을 통해 얻고자 하였던 한반도 확보와 명나라 진출이라는 정치적 목적 달성을 어렵게 만들었다.

그러나 일본인 학자 아리마 세이호가 지적하듯 조선 수군의 연전연승과 제해권 확보가 임진왜란 전체 승패에 직접적으로 영향을 미쳤다고 보기는 어려울 뿐 아니라[19] 임진왜란에 대해 조선이 '승리한 전쟁'이라고 쉽게 단정 짓기도 어렵다.[20] 이는 조선 수군이 연전연승의 해전을 통해 한반도의 제해권 확보에 성공했지만, 임란 전체기간 동안 지속된 당

18 이민웅(2004), p.99.

19 有馬成甫, 1942, 『朝鮮役水軍史』, 海と空社, pp.98-100. 이민웅(2004) p.100에서 재인용.

20 이민웅(2004), p.282.

시 조선의 왕이자 군 최고지도자였던 선조 등을 비롯한 지도부의 무능력, 지상군 작전의 연속된 패전, 명과 일과의 강화교섭과 국가와 백성들의 엄청난 피해 등 궁극적으로는 일본의 전쟁 목표를 좌절시키는 것에는 한계가 있었음을 보여주고 있기 때문이다. 그리고 이것은 콜벳이 설명한 제한적이고 상대적인 해전에서의 목적달성, 즉 제한전쟁이 무엇인지를 잘 보여주는 사례라고 하겠다.

또한 콜벳이 강조한 지상군과의 합동작전 중요성 역시 다음의 사례 등을 통해 명확히 확인할 수 있다. 일본 수군은 한산도해전과 부산포해전 패전 이후 제해권을 상실하고, 해안에 축성하여 조선 수군과의 해전을 회피하고 육상에서만 조선 수군을 상대하는 회피전술로 일관하는데, 이 때문에 조선 수군이 일본 수군을 제압하기 위해서는 지상군과의 합동작전이 필요하게 되었다. 실제 이순신은 난중일기를 통해 수차례 지상군의 무능력과 비협조로 왜적을 완전 소탕할 수 없음에 아쉬워하는 모습을 남겼다.

"… 두 번이나 싸우도록 유인해 보았으나, 우리 수군을 겁내어, 나올 듯하다가 도로 들어가 버렸다. 끝내 잡아 무찌르지 못하니 통분, 통분하다…."

"… 삼도 수군이 일제히 새벽에 떠나 바로 웅천 웅포에 닿았다. 적의 무리들은 어제와 같이 나왔다 물러났다 하며, 유인하였으나 끝내 바다로 나오지 아니했다. 두 번이나 추격했으나, 두 번 다 섬멸하지 못하였으니 어찌하랴, 어찌하랴. 참으로 통분, 통분하다…."[21]

"… 곽재우로 하여금 먼저 창월을 토벌하게 하고, 차차 웅천을 진격하게 한다…, 육군이 뒤를 공격하지 않고는 적을 섬멸할 길이 없다. 그러나 요사이는 적의 전사상자가 많고 사기가 저하되어 있으며 포구를 살펴보니 험한 설비는 없는 것 같고, 또 전선 7, 8척은 출입할 만도 하다. 여러 날의 전투에서 섬멸하지 못하니 참으로 통분하다…."[22]

지상군과의 협공작전의 중요성을 그 누구보다 절감한 이순신은 전투능력과 의지를 상실한 관군 대신 의병장과 의승군과의 만남과 작전계획을 통해 지속적으로 수륙 협공작전을 꾀하기도 하였다.[23]

21 계사(癸巳) 선조 26년(1593), 2월 10일, 12일자 기록. 박혜일 외, 『난중일기』(서울: 시와 진실, 2016), p.106.

22 趙成都, 『忠武公 李舜臣』(서울: 연경문화사, 2001), pp.14-15.

23 갑오(甲午) 선조 27년(1594), 한산도대첩을 앞둔 9월 13일 일기에는 수군과 육군은 서로 침해하지 말 것과 고을 수령들을 전쟁터로 내보내지 말라는 조도어사(調度御史) 윤경립의 장계 내용이 나와 있으며, 26일자 일기에는 곽재우, 김덕령 등의 의병과의 만남을 통해 수군과의 합동작전을 의논하는 모습이 기록되어 있다. 박혜일외(2016). pp.142-144. 이러한 모습은 옥포해전 이후부터 정유재란 칠천량해전 이전까지 지속적으로 나타나고 있으나 부산포해전 이후 해전 회피전법이 더욱 고착화된 이후 수륙병진작전을 적극 모색하게 되었다. 임진왜란 시 의병과 의승군의 활약과 관군과의 관계에 대해서는 李章熙, 『임진왜란사연구』(서울: 아세아문화사, 1999)를 참조할 것.

2. 해전이론의 적용

역사적으로 볼 때 임진왜란 시 조선수군의 연전연승의 완벽한 승리는 한반도의 제해권을 완벽히 장악했음을 보여주었다. 이로 인해 일본의 수륙병진 전략은 좌절되었고, 이미 진출한 지상병력들의 해상 보급로 및 인원 충원 등을 위협함은 물론, 이후 일본 수군이 축성에서 해상에서의 결전을 회피하는 전략으로 변경하도록 만들었다. 이는 콜벳이 해양전략론에서 언급한 해전의 목적, 즉 제해권 확보를 완벽히 달성한 사례인 것이다. 유성룡도 『징비록』을 통해 "조선수군의 승리로 일본의 수륙병진정책을 좌절시켰고, 더 나아가 전라도와 충청도를 보존하여 이후 조선이 중흥을 이룰 수 있는 바탕을 만든 것이다"라고 하였다.

두 번째 해전의 수단이 되는 함정에 대해서 콜벳은 함대를 구성하는 함정의 등급, 유형은 그 당시의 전략적, 전술적 사상이 반영된다고 말하고 있다. 임진왜란 시 조선 수군의 전선은 판옥선과 거북선, 일본의 경우에는 아다케와 세키부네라는 것은 널리 알려져 있다. 그렇다면 이들 함정들에 당시의 전략적, 전술적 사상이 반영되어 있는 것일까?

먼저 조선의 판옥선의 경우 『경국대전』의 기록에 따르면 명종 10년 1555에 새로 만든 전선을 시험한 이후 전국에서 건조되었고, 명종 21년

1566에는 너무 많아졌기 때문에 점차 척수를 줄여나갔다고 한다.[24]

〈표 4〉, 〈표 5〉 참조

〈표 4〉 세종대의 군선 종류와 보유 척수

종류/도별	경기	충청	경상	전라	황해	강원	평안	함길	계
대선大船	-	-	-	8	-	-	-	-	8
맹선猛船	4	18	-	14	-	-	-	-	36
무군선撫軍船	47	10	-	-	-	-	-	-	57
별선別船	-	4	-	40	-	-	-	-	44
병선兵船	4	92	285	-	41	17	41	41	521
중대선中大船	11	6	-	-	-	-	-	-	17
중선中船	-	-	-	103	-	-	-	-	103
추왜追倭 별선	1	2	-	-	-	-	-	-	3
추왜 별맹선	30	4	-	-	-	-	-	-	34
쾌선快船	-	6	-	-	-	-	-	-	6
합계	97	142	285	165	41	17	41	41	829

출처: 『세종실록』 권 148-155,「지리지」
(『세종실록』 30, 세조대왕기념사업회 국역본, 339쪽), 이민웅(2004), p.37.에서 재인용

판옥선은 밑바닥이 평편한 평저선平底船으로 물속에 잠기는 흘수가 깊지 않고 항해 시 선회 반경이 작아 배의 움직임이 자유로운 것이 특징이다. 이러한 판옥선은 선체가 높아 일본 수군의 기본 전법인 등선육박

24 이민웅 (2004), p.44.

전술登船肉搏戰術, boarding tactics을 어렵게 만들었고, 외판의 겹이음 구조와 나무못으로 강도 면에서 일본 군선보다 견고한 장점을 가지고 있었다.[25]

거북선은 조선 초기 태종 때부터 문헌에 기록되어 있으나[26] 이순신에 의해 철갑선으로 창제, 실용화된 특수함으로, 접전 때마다 선봉이 되어 돌격 임무를 수행하여 전세를 역전시킨 장갑돌격선裝甲突擊船이었다. 특수함이었던 만큼 실제 해전에 투입된 것은 총 세 척밖에 되지 않았으나, 좌우 20여 개의 포혈을 통해 장착한 천·지·현·황자·별승자총통 등의 막강한 화포를 포함하여 임진왜란 당시 수적으로 열세했던 조선 수군이 당파전법[27]이라는 공격적인 전술, 전략을 발휘하여 궁극적으로 승리할 수 있게 만들었던 비밀 병기였음이 틀림없다.

25 日本의 〈和國志〉 기록에 따르면 "조선사람의 해전이 육전과는 크게 다르고 또 배가 크고 빠를 뿐 아니라 누각과 뱃전까지도 튼튼하고 두꺼워 총탄이 들어가지 못하고 우리 배가 부딪치면 모두 부서진다"라고 우리 전함의 견고함을 인정하고 있다.『李忠武公全書』 卷14 紀實(下) 和國志, 김현기(1998), p.81에서 재인용.

26 거북선(龜船)은 조선 초기 〈태종실록〉에서 최초 기록을 찾아볼 수 있다. 1413년(태종 13), 1415년(태종 15)의 기록에 따르면 귀선은 왜구의 격퇴를 위하여 돌격선으로 특수하게 제작된 장갑선(裝甲船)의 일종임을 짐작할 수 있다. 이후 거북선은 임진왜란이 일어나기 바로 전해인 1591년(선조24) 전라좌도수군절도사로 임명된 이순신이 조선(造船) 기술에 뛰어난 군관 나대용에게 지시하여 왜침에 대비한 수단으로 건조된다. 거북선에 모양에 대한 역사 문헌상 기록들은 박혜일 외(2016), pp.371-401.을 참조할 것.

27 거북선은 陸戰의 戰車와 같은 것으로, 적함대열을 돌파하여 좌충우돌하면서 적함대의 전투대열을 교란시키는 한편 적군의 지휘함선에 근접하여 우선 대포로 부순 다음 적 함대로 하여금 烏合之衆이 되게 하였다. 함포는 그 요란한 포음과 적함을 파괴, 또는 탑승원의 사살 등 심리적인 위압감을 크게 주었고, 거기에 더하여 당파전법은 소리 없이 적선에 근접하여 충격을 가함으로써 완전 격침 시키는 것이다. 김현기(1998), pp.80-81.

"… 적을 만나 싸울 때는 거적으로 송곳과 칼위를 덮고 선봉이 되어 나아갔다. 적이 배에 올라 덤비려 들다가는 칼날과 송곳 끝에 찔려서 거꾸러지고, 또 에워싸고 엄습하려 하면 좌우 전후에서 일시에 총을 쏘니, 적선이 바다를 덮어 모여들어도 이 배거북선는 그 속을 마음대로 드나들며 가는 곳마다 쓰러지지 않는 놈이 없었기 때문에 전후 크고 작은 해전에 이것으로써 항상 승리를 하였다."[28]

〈표 5〉 성종 때의 군선 종류와 보유 척수

종류/도별	경기	충청	경상	전라	강원	황해	영안	평안	계
대맹선	16	11	20	22	-	7	-	4	80
중맹선	520	34	66	43	-	12	2	15	192
소맹선	14	24	105	33	14	10	12	4	216
무군대맹선	-	-	-	-	-	-	-	1	1
무군중맹선	-	-	-	-	-	-	-	3	3
무군소맹선	7	40	75	88	2	10	9	16	247
합계	57	109	266	186	16	39	23	43	739

출처: 『경국대전』「병전」 제도병선조諸道兵船條, 이민웅(2004), p.38.에서 재인용

반면 당시 일본의 주력 군선으로서 임란에 참가한 군선 중 가장 많은 수를 차지했던 세키부네는 조선의 판옥선보다 작은, 선체가 홀쭉한

28 李芬, 『이순신 행록』, 해군본부, 『한국해전사 下』(진해: 해군교육단 인쇄창, 1964), pp.133-134.에서 재인용.

쾌속선이었기 때문에 조선의 판옥선에 올라 등선육박전술을 펼치기에는 부적합하였다. 대체로 판옥선과 크기가 비슷했던 것으로 여겨지는 아다케는 대개 대장선이거나 지휘선이었기 때문에 해전 시에는 조선 수군의 집중 공격을 받았고, 특히 갑판 위의 누각은 화포 공격의 주된 목표물이 되었기 때문에 큰 피해를 입는 경우가 많았다.

더구나 일본 군선은 배의 밑바닥이 좁은 V자에 가까운 첨저선으로, 빠른 속도를 내기에는 유리하지만 선회 시 반경을 넓게 해야 하는 불안정한 구조라는 단점을 지녔다. 선체 또한 예로부터 얇은 판재를 사용하여, 강도가 약했으며, 특히 세키부네는 속력을 높이기 위해 만든 함정이었기 때문에 되도록 가볍게 만들어 약한 구조를 가졌다. 때문에 상당한 무게를 가진 화포 등을 함선에 장착하여 활용하기에는 무리가 있었다고 할 수 있다. 육전에서 막강한 영향력을 발휘했던 조총 역시 해전에서 사용되기는 하였지만, 당시 조총의 유효사거리가 50미터 내외, 살상 가능한 위험지역은 200미터, 그리고 최대 사거리가 500미터였음을 고려하면, 해전에서 큰 위력을 발휘하기에는 어려움이 있었을 것이다.

이렇게 임진왜란 당시 조선 수군은 견고한 전함과 강한 화력, 그리고 당파전법을 가지고 있었던데 반해, 일본 수군은 속도전과 등선육박전이라는 다른 전략, 전술을 가지고 있었고, 각각은 그에 따른 함대를 구성하고 있었던 것이다. 조총을 쏘거나 충돌 후 적함에 올라 백병전을 하는 일본 수군에 비해 함포로 적함을 격침시키는 데 중점을 둔 조선수군은 무기나 전술에 있어서 한발 앞서 있었고[29] 이는 결국 해전의 승패를 좌우했다.

세 번째 해전의 방법에서 이 사실을 구체적으로 확인할 수 있다. 콜벳은 해전에서는 지휘관의 의도에 따라 지상전보다 훨씬 다양한 조합을 이룰 수 있는 융통성을 가지고 2~3개 기동 조직의 신속한 결합으로 어떠한 지역도 포괄할 수 있고, 신속한 힘의 집중을 보장할 수 있다고 하였다.

다음의 〈표 6〉은 실제 임진왜란 시 이순신 함대가 일본보다 열세한 세력을 가졌음에도 불구하고 이러한 세력의 집중을 통해 보다 우세한 상황에서 해전을 수행하였다는 것을 잘 보여준다.

〈표 6〉 임진년 조선 함대 출동결과[30]

출동 순서	해전 일시	해전 장소	조선함대		왜함대		전과(척수)	
			총전선	주력선	총전선	주력선	조선	왜
제1차 출동	1592.4.~5.9.	옥포	88	24	30	11	26	
		합포	88	24	5	4	5	
		적진포	88	24	13	9	11	
		계					42	

29 허종범 한종엽, 『세계를 움직인 해전의 역사』(서울: 지성사, 2008), p.53.

30 강영오는 왜함대의 초 세력이 500~700이었음에도 〈표 6〉과 같은 결과가 나타난 것은 이순신이 집중의 원칙을 적용했기 때문이라고 설명하고 있다.

제2차 출동	1592.5.29.~6.10.	사 천	23	23	12	12	12	
		당 포	23	23	21	9	21	
		당항포	48	48	26	9	13	
		율 포	48	48	7	5	6	
		계					52	
제3차 출동	1592.7.4.~7.14	견내량 (한산도)	55	55	73	36	59	
		안골포	55	55	42	21	30	
		계					89	
제4차 출동	1592.7.24.~9.2.	부산포	166	74	470	불명	100	
		계					100	

출처: 강영오, 『해양전략론』(서울: 한국해양전략연구소, 1998), p.257.

또한 이순신은 임진왜란 해전 시 지형과 조류, 기상을 활용하여 지상전에서 볼 수 없는 魚鱗鶴翼鶴翼陣·魚鱗·魚麗어리陣形·八陣奇門法 등[31] 독특하고 다양한 전술陣法을 구사하였다. 같은 진법이라 하더라도 진형과 이동 등을 변화시켜 상황에 맞게 변화시켜[32] 유리한 상황에서 전쟁을

31 魚鱗鶴翼(鶴翼陣): 물고기의 비늘이 벌려진 것 같은 진형과 날개를 편 것 같은 진형을 일컫는 말.
魚鱗·魚麗(어리)陣形: 물고기의 비늘처럼 나란히 잇대어 있는 진형.
八陣奇門法: 적군의 위세를 손상하고 아군의 형세를 증강하는 것을 위주로 하는 형세. 팔진이란 홍범의 팔방을 해중에서 적용한 형상이며, 그중에 삼방에 복병을 두었다가 적군이 허한 곳이 있으면 질풍같이 공격하는 방진. 김현기(1998), p.82.

32 수군의 훈련과 전투 중 전선 운용을 위해 만들어진 진법을 그린 『전진도첩』(아산현충사 소장)에는 다양한 진법이 표시되어 있다.

수행하였는데, 그 대표적인 예가 우리가 잘 아는 학익진鶴翼陣이다.

각개격파 한 초기 해전을 제외하고, 포구나 왜성 등에 숨어 결전을 회피하는 일본군을 유인하여[33] 해상에서 다양한 진법을 통해 공격하는 것이 이순신의 전략이었는데, 특히 한산대첩의 경우 견내량 해역 상황이 대형 선박이 항해하기 어려운 상황임을 고려, 전선 5~6척으로 일본 함대의 선봉과 전투하다 패하는 척 하며 넓은 바다로 유인한 후 일본 함대가 추격 끝에 한산도 넓은 바다에 도달하자, 모든 함정이 일시에 선회하여 '학익진'을 형성하고 각종 총통을 발사하며 일본 함대에 돌격 및 포위 공격하여 대승을 거두었다. 이러한 학익진은 옥포 안골포 육포 해전 등에서도 볼 수 있다.

이 밖에도 옥포해전, 당항포해전시 어린진법으로 적을 포위한 뒤 팔진기문법으로 적의 함대를 쳐부순 사례나, 명량해전과 부산포해전시 이순신 함대가 앞장서고, 그 뒤를 이억기 함대와 원균의 함대가 따르게 되는 진형, 즉 일자진법어린진법을 쓴 것[34] 등 이순신은 세력의 집중과 분산을 상황에 따라 자유로이 사용하여, 원하는 시기와 장소에 집중 타격으로 승리하는 탁월한 전술능력을 보여주었다.

33 당포해전, 한산대첩 등 일본 함대와 마주친 지역의 수심, 폭, 수로길이, 조류 등은 물론 패전 후 육상으로 도주할 것 등을 고려하여 판옥선이 기동하기 좋은 해상으로 유인하여 작전을 펼쳤다.

34 김현기(1998), pp.82-85.

3. 해전수행의 적용

콜벳은 모든 해군작전에 대해 상대적으로 우세한 세력을 보유 시에는 함대결전과 해양봉쇄의 형태로 제해권을 획득하고, 세력이 불충분할 경우에는 방어전략을 통한 현존함대 원칙과 소규모 대응공격을 통해 제해권을 획득할 수 있다고 설명하였다.[35]

임진왜란을 전쟁기1592~1593.4, 강화 교섭기1593.5~1596, 정유재란기1597~1598.11 등 큰 변화에 따라 세 시기로 구분하였을 때 사전에 충분한 준비가 되지 않았던 전쟁기와 칠천량해전의 패전 직후 정유재란기는 명백히 세력이 불충분한 경우에 해당한다. 그렇다면 이 시기 조선 수군의 해전수행 양상은 현존함대 원칙과 소규모 대응공격에 해당하였을까? 콜벳의 설명대로라면 조선수군은 항구나 지상의 요새를 적극 활용하여 방어태세를 유지하다 적의 주력부대에서 이탈한 소부대만을 찾아 공격하는 등 소규모 역습의 기회를 잡아 공격하는 전술을 취해야 한다.

그러나 임진왜란 시기 이순신은 불리한 세력으로도 한산대첩, 부산포해전, 명량해전 등과 같은 함대결전과 해상봉쇄의 전술을 적극 병행하여 취했다. 거의 모든 해전에서 복병선, 첩선, 탐망선, 척후병 등을 활

35 그 외에 해양통항을 통제하기 위해서는 적(지상군) 상륙작전을 방어하거나, 통상에 대해 공격 및 방어를 실시하는 것, 그리고 해외 원정작전 시 공격, 방어, 지원하는 것 등이 있다고 하였으나, 본 연구에서는 임진왜란 해전사를 적용 대상으로 하기에 해양통항 통제 부분은 제외키로 한다. 임란 당시 상륙작전을 방어하기에 지상군은 너무 무능력하였으며, 해외 원정작전의 경우 일본 수군에 해당하나, 조선 수군의 입장과는 다소 무관한 부분이기 때문이다.

용하여 왜선을 탐색, 추적하는 공세적 수행 양상을 보인 것과 더불어, 자신에게 유리한 시간에 해상 지점으로 적을 유인, 적 함대에 대한 결전으로 제해권을 획득하였다. 또한 부산포해전 등에서는 근접봉쇄나 수시 원거리봉쇄를 통해 해상을 통한 식량, 무기, 인원 등의 충원을 원천 차단하며 제해권을 확보하였다.

특히 13척과 133척이라는 세력의 절대적 열세를 보였던 칠천량해전 패전 직후인 명량해전 당일9월 16일, 당시 양력 10월 26일 좁은 해역에서 조류 시간과 바람을 이용하는 계획에 따라, 대장선이 스스로 최선두에서 역류를 타고 전투해역인 명량에 돌입하여 몇 겹의 포위 상황에서 결전을 벌인 것 등은 결코 현존함대 원칙이나 소규모 대응공격으로 설명하긴 어렵다. 이는 다시 말하면 콜벳의 해양전략 특히 해전의 수행 측면에서 임진왜란의 해전을 충분히 설명하기에는 한계가 있다는 것을 보여주는 방증이기도 하다.

물론 옥포해전에서 율포해전까지의 초기 1~2차 출전 시 왜 함대의 주력으로부터 이탈된 소부대에 대해서만 기습공격을 실시한 점이나, 칠천량해전 패전 직후의 소규모해전8월 28일의 왜선 선발대와 결전, 9월 7일 오후 4시의 2차 공격과, 밤 10시의 3차 야습, 그리고 명량해전 당일인 16일 등에서 벽파진을 향해 들어오고 있는 왜선에 대해서 그동안의 적극적인 함대결전과 해양봉쇄의 형태가 아닌 방어전략의 형태, 즉 현존함대 원칙과 소규모 대응공격을 보여준 것은 사실이다. 이 때문에 일부 연구에서는 이를 두고 조선수군이

'기습을 받았다'고 표현을 하기도 하나[36], 해양전략적 측면에서는 '기습을 받았다'라는 설명보다는 현존함대 원칙과 소규모 대응공격을 통해 해양통제전략을 실시했다고 보는 편이 타당할 것이다.[37]

마지막으로 콜벳은 제해권이 확보된 경우 행사방법에 대해서, 해양통항을 통제하여 적 상륙작전을 방어하고 통상이나 아군의 상륙작전에 대해 공격이나 방어, 지원을 수행한다고 하였다. 그러나 임진왜란의 경우에는 왜군의 상륙작전을 저지하여 전라도, 충청도, 황해도 연안으로 진출하는 것을 거부한다거나, 해로통행첩을 발행하는 등 제해권 행사 방법의 모습이 일부 나타나는 것은 사실이나 지상군과의 합동작전의 어려움으로 그 이상의 작전으로 진행되지 못했다. 또한 난중일기나 징비록 등을 통해 보면, 적의 상륙작전을 저지한다거나 아군의 상륙작전을 지원하는 것 자체는 당시 수군 작전의 목적이 아니었다는 점에서 이것은 해양통제권을 확보하는 과정으로 보는 것이 타당할 것이다.[38]

36 노병천, 『완전한 승리; 이순신의 18 해전과 7대 전승비결』(서울: 성현출판사, 1998) 노병천, 『이순신대학 불패학과: 필수과목1, 명량대첩1』(서울: 책밭, 2011)

37 강영오는 이순신의 초기 해군전략에 대해 현존함대전략을 통해 누진적으로 적세력을 약화시킨 후 부산포의 왜 주력부대에 대해여 함대결전을 추구하는 방식이었다고 평가하면서 이와 같은 해양통제전략은 열세한 함대를 갖고 있는 지휘관으로서 가장 합리적이면서도 효과적인 전략이라고 평가하고 있다. 강영오(1998), pp.271-273.

38 박광용은 해양통제권을 행사하기 위해서는 사전에 확보 및 안정적인 유지가 선행되어야 하며, 해전사를 통해 보면 해양통제권의 확보와 행사를 동시에 추구하는 것은 목표와 세력의 분산을 초래하기 때문에 위험하다는 것이 입증되었다고 말한다. 박광용, 『역사를 전환시킨 해전과 해양개척인물』(서울: 재단법인 해상왕장보고기념사업회), pp.21-22.

Ⅳ. 임진왜란 해전사를 통해 본 해양전략 함의

콜벳의 해양전략론을 기준으로 임진왜란 해전사를 적용해 본 결과, 크게 전쟁이론과 해전이론, 그리고 해전수행 등 세 가지 측면으로 살펴볼 수 있다.

먼저 콜벳의 전쟁이론에서는 해전과 육전 모두 정책의 목적을 달성하기 위하여 사용하는 하나의 수단으로 기능하지만, 이 둘은 공격과 방어 그리고 제한과 무제한전쟁 가능 여부에 있어서 다소간의 차이가 있다고 하였다. 즉 해전의 경우 육전과 달리 적이 항만이나 육상 등으로 숨거나 결전을 회피하는 등의 방어적 태세를 취했을 경우 전략적 방어가 어려워지고, 지역과 목적을 제한시키고 전략적으로 적을 고립시키는 등의 제한전 수행이 가능하다는 차이점을 지닌다. 이러한 육전과 해전의 본질적 차이는 결국 해양전략적 관점에서 지상군과 해군의 상호작용, 즉 합동작전의 중요성으로 귀결되었다.

이를 임진왜란에 적용시켜 보면 조선 수군은 연전연승을 통해 제해권 확보라는 해전의 목표를 달성하였고 나아가 왜군의 수륙양동작전에 결정적 영향을 미쳤음에도 불구하고, 조선 지도부의 무능력과 지상군의 열세로 적을 끝까지 격멸할 수 없었고, 결국 임진왜란의 승리를 달성할 수 없었다는 점에서 해전의 무제한전 성격과 지상군과의 합동작전의 중요성을 다시 한 번 확인할 수 있었다.

두 번째 콜벳은 해전이론에서 해전의 목표를 제해권 확보로, 해전의 수단으로 당시 그 나라의 전술 전략이 반영된 함대가 구성된다는 것, 그리고 해전의 방법으로 집중과 분산을 들었다.

이를 임진왜란 해전에 적용시켜 본 결과, 조선 수군은 '바다에서 오는 적은 바다를 통해 지킨다'는 각오로 제해권을 확보, 해전의 목표를 달성하였다. 또한 당시 이순신 함대는 조선 수군의 전술, 즉 당파전법에 적합하게 제작된 장갑돌격선 거북선과, 막강한 화력을 지닌 포를 안정적으로 장착, 사용할 수 있는 견고한 판옥선을 주력선으로 세력을 구성하여 해전의 수단으로 삼았고, 마지막으로 학익진, 어리진형 등 집중과 분산 전략을 유연하게 적용하여 승리를 이끌었음을 확인하였다.

마지막으로 콜벳의 해전이론에서는 세력차이에 따라 수행방법이 달라졌는데, 세력이 우세할 경우에는 함대결전과 봉쇄전략을, 우세하지 못할 경우에는 현존함대 원칙과 소규모 대응공격을 시행한다고 하였으며, 제해권이 확보된 경우에는 해양통항을 통제하여 적 상륙작전을 방어하고 통상이나 아군의 상륙작전에 대해 공격이나 방어, 지원을 수행한다고 하였다.

그러나 임진왜란 해전의 경우, 이순신의 함대는 객관적으로 세력이 열세한 경우에도 판세를 유리하게 이끌어나가며 함대결전과 봉쇄의 방법을 적극 병행 수행하였고, 심지어 10배 이상의 차이가 있었던 명량해전에서조차 현존함대 원칙이나 소규모 대응공격이 아닌 적극적인 전략을 취했음을 알 수 있었다. 또한 제해권이 확보된 경우에조차 지상군의 열세로 인한 합동작전의 제한으로 콜벳이 이야기한 제해권 행사방법을 그대로 적용시킬 수는 없었다.

콜벳의 해양전략론은 '해양'이라는 공간에서 파생된 독특한 특성으로 인해 해전만이 지닐 수 있는 전략, 전술을 잘 설명해주는 프레임이 되었다. 그러나 이론 자체가 서양 해전사를 바탕으로 세워졌고, 사례 역시 서양 해전사에 중점을 두고 설명하고 있기 때문에, 우리나라의 해전사, 특히 임진왜란 당시의 해전사에 그대로 적용하기는 힘들다는 사실을 발견할 수 있었다.

〈표 7〉 콜벳의 해양전략론 임진왜란 해전 적용 결과 요약

구 분	콜벳의 해양전략론	임진왜란 해전 적용 시
전쟁이론	해전의 본질(제한전과 무제한전 구분 가능) 육전과 해전이 본질적 차이(합동작전 중요)	무제한전 확인 합동작전 중요
해전이론	해전의 목표: 제해권 확보 해전의 수단: 함대 구성(당시 전술 전략반영) 해전의 방법: 세력의 집중과 분산 유연성	제해권 확보, 목표달성 조선 전술, 전략반영 유연한 집중 분산 전략
해전수행 (세력차이)	세력 우세시: 함대결전, 봉쇄 세력 열세시: 현존함대 원칙, 소규모 대응공격 제해권 행사방법: 해양통항의 통제 - 적 상륙작전에 대한 방어 - 통상의 공격 및 방어 - 상륙작전의 공격 및 방어, 지원	세력열세인 대부분의 해전에서도 함대결전, 봉쇄작전 수행 제해권 행사방법 (상륙작전 방어 등) 확인 제한

V. 결론

흔히 우리는 '과거를 잊은 민족에게 미래는 없다'라는 말을 쓴다. 하지만 동시에 우리는 그리 오래되지 않은 우리의 아픈 역사, 임진왜란이라는 민족의 절체절명의 시기에 대해서, 그리고 그 당시 必死則生 必生則死필사즉생 필생즉사의 각오로 끝까지 포기하지 않고 조선을 지킨 이들에 대해 어느덧 잊고 있는 것은 아닌지? 임진왜란 시 조선 수군 아니 이순신 함대는 지도자의 무능력, 당쟁의 폐단으로 마비된 국정과 지상군의 연전연패 상황, 열세한 해군력 속에서도 무패의 신화를 이뤄냈다.

그러나 이것이 우연의 역사, 충무공 이순신만의 신화로 남지 않고 언제 어느 때나 이길 수 있는 바이블로 적용하기 위해서는, 당시 어떠한 전략과 전술을 통해 이겼는지 교훈을 도출하고, 급변하는 안보환경에 살고 있는 지금의 우리가 무엇을, 어떻게 준비해야 하는지에 대한 체계적이고 과학적인 연구가 지속적으로 필요하다.

본 연구에서는 이러한 문제의식을 가지고 해양국가의 전략사상가로 공세적이고 적극적인 제해권 확보의 중요성을 역설했던 콜벳의 해양전략사상, 즉 전쟁과 해전이론, 그리고 해전수행을 적용하여 임진왜란 해전사를 바라보고자 하였다.

그 결과 해전의 제한전 성격과 지상군과의 합동작전의 중요성을 확인하면서, 조선 수군은 해양전략 전술에 적합한 함정과 무기 그리고 다양한 집중과 분산 전략을 유연하게 적용하여 제해권을 확보, 해전의 목표를 달성하였다는 사실을 확인할 수 있었다.

하지만 이순신의 함대는 객관적으로 세력이 열세한 경우에도 판세를 유리하게 이끌어나가며 함대결전과 봉쇄의 방법을 병행 수행하였다는 점과, 당시 수군의 활약으로 제해권이 확보되었지만 지상군과의 합동작전이 제한되어 콜벳이 이야기했던 제해권 행사방법들, 즉 적 상륙작전에 대한 방어 등은 그대로 적용시킬 수 없었다는 점에서 콜벳 이론의 한계 또한 식별할 수 있었다.

콜벳의 해양전략론은 '해양력' 그리고 '해전'만이 지닐 수 있는 강점과 전략, 전술을 확인할 수 있는 좋은 지침이 되었다. 그러나 이 이론 역시 서양 해전사를 근거로, 그에 적합한 이론 틀이기 때문에, 우리나라에 적합한 해양전략과 전술을 발전시켜 나가기 위해서는 우리만의 이론 틀은 물론, 좀 더 과학적이고 체계적인 해전사 연구가 지속 진행되어야 할 것이다.

참고문헌

국문자료

_ 강영오, 『해양전략론』(서울: 한국해양전략연구소, 1998)

_ 군사학연구회, 『군사사상론』(서울: 플래닛미디어, 2016)

_ 군사학연구회, 『군사학 연구방법론』(경기도: 북코리아, 2017)

_ 김현기, 『현대해양전략사상가』(서울: 한국해양전략연구소, 1998)

_ 노병천, 『완전한 승리; 이순신의 18 해전과 7대 전승비결』(서울: 성현출판사, 1998)

_ ______, 『이순신대학 불패학과: 필수과목1, 명량대첩1』(서울: 책밭, 2001)

_ 서애 유성룡 저, 이재호(옮김), 『징비록』(서울: 위즈덤하우스, 2009)

_ 박광용, 『역사를 전환시킨 해전과 해양개척인물』(서울: 재단법인 해상왕장보고기념사업회)

_ 박혜일 외, 『난중일기』(서울: 시와 진실, 2016)

_ 이순신 저, 노승석(옮김), 『이순신의 난중일기: 완역본』(서울: 동아일보사, 2005)

_ 이민웅, 『임진왜란 해전사』(서울: 청어람미디어, 2004)

_ 李章熙, 『임진왜란사연구』(서울: 아세아문화사, 1999)

_ 張學根, 『朝鮮時代 海洋防衛史』(서울: 창미사, 1989)

_ 조성도, 『임진장초』(서울: 연경문화사, 1991)

_ 趙成都, 『忠武公 李舜臣』(서울: 연경문화사, 2001)

_ 줄리안 콜벳(Julian Corbett) 저, 김종민 정호섭(공역), 『해양전략론』(서울: 한국해양전략연구소, 2009)

_ 해군본부, 『한국해양사』(해군인쇄창, 2004)

_ 해군본부, 『한국해전사 下』(진해: 해군교육단 인쇄창, 1964)

_ 허종범·한종엽, 『세계를 움직인 해전의 역사』(서울: 지성사, 2008)

영문자료

_ Geoffrey Till, *Sea Power: Theory and Practice*(FRANK CASS & CO.LTD, 1994)

_ Julian Corbett, *Some Principles of Maritime Strategy*(Perfect Library, 2015)

_ Michael Howard, *On War*(New York Oxford university press, 2006)

_ Alfred Thayer Mahan, *Mahan on Naval Warfare*(London: Dover Pubns, 1999)

_ ______, *(The) Influence of sea power upon history,* 1660-1783(London: British Library, 2011)

¤ 명량해전 이후 조선함대 이동항로에 대한 전략적 분석

- 콜벳의 현존함대 전략을 중심으로

¤ 해상진지 고도하가 지니는 해양전략적 의의

¤ 전투사례를 통해 본 정신전력의 중요성과 강화방안

- 임진왜란 해전 사례를 중심으로

2부

충무공 이순신

명량해전 이후 조선함대 이동항로에 대한 전략적 분석•

– 콜벳의 현존함대 전략을 중심으로

• 이 연구는 미래군사학회의 「한국군사학논총」 제19권(2021년 6월)에 게재된 같은 제목의 논문이다.

I. 서론

1597년 8월 3일 저녁 삼도수군통제사 재임명을 받은 이순신은 조선함대 전선 12척을 수습하여 8월 19일 장흥 회령진에서 지휘권을 선포하고 출항하였다. 그는 조선함대를 이끌고 이진진, 어란진, 장도, 벽파진을 거쳐 전라우수영 명량 바다에 도착하였고, 어란 바다에서 합류한 김억추의 전선 1척을 포함한 13척의 전선으로 1597년 9월 16일 왜 수군 330여 척에 맞서 31척을 대파하는 '명량해전'의 대승을 거두었다. 그러나 이순신은 '천행天幸'의 기쁨도, 격전의 피로도 풀지 못한 채 전투가 끝나자마자 북쪽 항로로 함대를 서둘러 이동시켰다. 그리고 이날부터 40여 일간을 오지의 섬과 험난한 바다에서 체류하다 비로소 1597년 10월 29일 목포 고하도에 상륙하여 조선수군 재건과 부활에 매진할 수 있었다. 이후 1598년 2월 16일 고하도를 떠난 이순신은 2월 17일 통제영을 왜 수군이 제해권을 장악하고 있는 해역에 더욱 근접한 전략기지로서, 사실상 이순신 생전의 마지막 수군사령부인 고금도로 이동시켰다. 고하도와 고금도에서 재건된 조선함대는 1598년 11월 19일 임진왜란 마지막 해전인 노량해전을 승리로 이끌었고 이순신은 이 해전에서 그의 마지막 소임을 다하고 장렬하게 전사하였다.

1597년 2월 파직되어 백의종군의 시련을 겪다 8월 삼도수군통제사에 재임명되어 와해된 조선함대의 수장으로 마지막 노량해전에서 전사하기까지, 이순신의 인생 항로는 고난과 역경 그리고 구국의 신념이 점철된 시기[1]였다. 하지만 동시에 이 시기는 괴멸된 조선함대가 이순신의 지휘 아래에서 다시 무적의 함대로 거듭났던 부활의 역사적 시기이기도 하였다.

이에 본 연구는 이순신의 행적 중에서 명량해전 승리에 가려져 조명을 받지 못하고 있는 명량해전 이후의 시기에 주목하였다. 특히 본 연구는 난중일기에 이동항로와 날짜는 명시되어 있으나 그러한 항로를 택한 이유에 대해서는 다양한 해석이 존재했던 '명량해전 이후 조선함대의 이동항로'에 대한 이유에 대해 분석하였다. 난중일기에 따르면 이순신은 명량해전에서의 대승 이후 열세하고 지친 함대를 이끌고 고군산도까지 쉼없이 올라갔다가 다시 동일한 항로를 통해 지금의 목포 고하도에 이르기까지 이동을 계속했다. 왜 충무공 이순신은 한시가 급했던 전시 상황에서 이렇게 무모해 보이는 항로로 이동을 감행했던 것일까?

난중일기에는 이동항로에 대한 이유가 명시되지 않아 학자들은 조선수군의 시위효과와 피난민 규합**이민웅**, 왜군으로부터의 도피**제장명, 안영배, 김종대**, 적절한 수영 터 탐색**조성도, 박혜일 등** 등 다양한 해석을 제시[2]하거

1 고광섭은 보잘것없는 수군을 지휘하며 해전을 승리로 이끌고 전략적 후퇴를 하면서도 수군 재건과 전력 강화에 힘썼던 '장흥 회령진에서 완도 고금도까지'의 조선함대 행적을 두고 이순신의 '구국의 항로'라 지칭했다. 그는 이순신 구국의 항로를 명량해전 전후로 구분하여 '회령진에서 전라우수영까지'를 구국의 항로 I로, '전라우수영에서 고금도까지의 항로'를 구국의 항로 II로 구분하였다. 고광섭, "이순신 구국의 항로 12 해상진 연구", 국립목포해양대학교, 『2019년 민학관군 합동세미나』(2019.11.8.) pp.66-67.

2 각 학자들의 해석에 대해서는 III장. 명량해전 이후 조선수군 상황과 이동항로 부분 참고.

나 해석 없이 사실만을 기술노승석, 박종평하였다. 하지만 본 연구는 명량해전 이후 조선수군이 그러한 항로로 이동해야 했던 이유를 해양전략 관점에서, 특히 콜벳의 현존함대 전략을 이론 틀로 삼아 분석하였다. 콜벳의 현존함대 이론을 적용한 이유는 해양전략 이론 중에서 '해전에서 약한 함대가 취할 수 있는 전략'이라는 관점에서 전략을 취했을 때의 결과와 긍정적 효과를 분석, 제시한 대표적 이론이기 때문이다.

본 연구는 Ⅱ장에서 군사 및 해양전략에서의 공격 및 방어전략의 개념과 장단점, 종류를 분석한 후, 콜벳의 현존함대 전략 이론을 분석하여 성공적인 현존함대 전략의 5가지 특징을 추출하였다. 이후 Ⅲ장에서 명량해전 이후 조선수군의 상황과 이동항로를 분석하고, Ⅳ장에서는 조선수군이 그러한 항로로 이동할 수밖에 없었던 이유를 Ⅱ장에서 확인한 콜벳의 현존함대 전략의 특징을 토대로 분석하였다. 그리고 Ⅴ장 결론을 통해서 그 의미를 생각해 보았다.

II. 이론적 검토

1. 군사 및 해양전략에서의 공격 및 방어전략

군사전략Military Strategy은 "힘의 적용 또는 힘의 위협에 의하여 국가 정책상의 목표를 달성하기 위하여 군사력을 사용하는 기술 및 과학"을 의미[3]한다. 군사전략은 여러 기준에 의해 구분할 수 있겠으나[4] 크게 공격전략과 방어전략으로 나누어 볼 수 있다.[5]

공격은 '싸우는 것'을 방어는 '지키는 것'을 의미한다. 일반적으로 공

3 이종학, 『전략이론이란 무엇인가: 손자병법과 전쟁론을 중심으로』(대전: 충남대학교출판문화원, 2010), p.40.

4 아더 레크(Arthur F. Lykke Jr.)는 군사전략은 목표(ends, objectives), 수단(means, resources), 방법(ways, courses of actions) 으로 구성된다고 주장하였다. 안툴리오 에체베리아(Antulio J. Echevarria II), 나종남 옮김, 『군사전략 입문』(서울: 황금알, 2019), p.21. 이에 따라 군사전략은 목표와 수단, 방법에 따라 억제전략과 강압전략, 섬멸전략과 마비전략, 소모전략과 소진전략, 지상-해양-항공전략 등으로 구분될 수 있다.

5 김정익은 공격시 군사전략의 대표적 예로 소모전(Attrition warfare), 섬멸전(Annihilation), 전격전(Blitzkrieg), 봉쇄(Blockading), 역습(Counter-offensive), 유인(Distraction), 포위(Encirclement), 측면기동(Flanking maneuver), 내선공격(Interior lines), 돌파(Penetration), 집게형 공격(Pincer maneuver), 공성(Siege), 충격/공포(Shock and awe)를 제시하였고, 방어시 군사전략으로는 종심방어(Defense in depth), 유인격멸(Boxing maneuver), 요새방어(Fortification), 파비안 전략(Fabian strategy), 초토화(Scorched earth)를 제기하였다. 김정익, "전례(戰例) 분석을 통한 한국의 방어전략 모색: 군사전략의 의미와 방어전략 유형을 중심으로", 『국가전략』 제18권 1호(2012), pp.118~119.

격전략은 방어전략에 비해 적극적 목적positive aim을 가지고, 충분히 강력한 전투력을 보유했을 때 이루어지는[6] 반면, 방어는 적의 정복을 거부하고 자신의 영토와 병력을 보존하는 등의 소극적 목표negative aim를 갖고 전투력이 약한 측에서 주로 사용한다. 상호작용의 관계를 지니는 공격과 방어지만, 일반적으로 공자는 기습의 이점을, 방자는 지형의 이점을 지닌다. 방자와 공자의 우열에 대해서는 클라우제비츠와 조미니는 다른 견해를 제시하였다.

먼저 클라우제비츠는 기다리는 것과 행동하는 것, 즉 반격으로 구성되는 방어는, 공격보다 더 강하다고 주장하였다.[7] 공자는 시간이 지날수록 전투력 소진으로 약해지는 데 반해, 방자는 상대적으로 요새와 국민적 지지, 동맹국의 지원 등을 통한 대규모 집중과 공간과 거리에 비례한 내선의 이점으로 유리한 입장을 가질 수 있기 때문이다.[8] 그에 따르면 방자는 시간의 이점을 지니기 때문에, 전쟁 초기 공자의 예봉만 피할 수만 있다면 '공세종말점culminating point of attack에 도달하는 공자에 비해 우세를

6 카를 폰 클라우제비츠, 류제승 옮김, 『전쟁론』(서울: 책세상, 2016), pp.258-259.

7 클라우제비츠는 다음 6가지의 이유로 방어가 공격보다 강하다고 주장하였다. 첫째, 방어하는 것이 공격하는 것보다 용이하다. 둘째, 모든 국가가 대부분 방어를 취하고 있는 것은 역사적 사실이다. 셋째, 방자는 진지와 지형의 이점을 활용할 수 있다. 넷째, 방자는 기습의 효과를 거둘 수 있다. 다섯째, 시간이 지날수록 방자에게 유리해진다. 여섯째, 공자의 전투력은 감소하여 방자가 공세로 전환할 수 있는 반격의 기회가 온다. 박창희, 『군사전략론』(서울:플래닛미디어, 2017), pp.148-152.

8 카를 폰 클라우제비츠(2016), pp.257-288.

점할 수 있다.[9] 또한, 클라우제비츠는 공격이나 방어에 있어 "결전은 기동력의 문제"라고 보면서 "공자는 신속하고 결정적인 결전을 통해 승리할 수 있고, 방자 역시 적 공격에 대해 즉각 진지를 포기하고 철수하거나 적보다 빠른 속도로 철수할 수 있다면 결전을 회피할 수 있다"고 주장하였다.[10]

반면 모든 전략은 변하지 않는 과학적 원칙에 의해 통제받는다고 주장[11]한 조미니는 방어보다는 공격을 우선시하였다.[12] 그는 프랑스 혁명과 나폴레옹 전쟁을 분석한 결과를 통해, 전쟁에서 승리하는 전략이란 결정적 지점decisive point에서 약한 적에 대해 아군의 힘을 집중하여mass forces 공세적으로 행동하는 것offenisve action이 승리의 핵심이라고 하였다. 방어 역시 수동적이어서는 안 되고 적에게 반격을 가할 수 있는 능력을 가져야 전쟁에서 주도권을 가질 수 있다고 주장하였다.

그러나 해양에서의 전략은 해양의 특성이 반영되기 때문에 일반적인

9 박창희는 중일전쟁과 장제스의 상하이 난징전투의 사례 연구를 통해 "약한 국가가 차후 승리를 기대하기 위해서는 강한 국가의 공격이 한계에 도달하기 전까지 반드시 결전을 회피하면서 주 세력을 보존해야만 한다"고 주장하였다. 박창희, "전략의 패러독스: 비대칭전쟁에서의 '결전'과 '약자의 승리'", 『한국정치학회보』 제43집 제1호, pp.339-340.

10 Ibid., pp.172~173.

11 앙투안 앙리 조미니 씀, 이내주 옮김, 『전쟁술』(서울: 책세상, 2014), pp.476-481.

12 John Shy, "Jomini," in Peter Paret(eds.), *Makers of Modern Strategy: From Machiavelli to the Nuclear Age*(NJ: Princeton University Press, 1986), p.146. 조미니는 전쟁에서 승리를 얻기 위해서는 "전략적 기동을 통하여 전장의 결정적 지점에 부대의 주력을 투입, 부대의 주력을 적의 일부와 교전할 목적으로 기동, 주 전장에서 결정적 지점에 주력을 집중적으로 투입, 집중된 병력을 결정적 지점에 투입시키며 체계적으로 실행하는 4단계를 거쳐야 한다"고 주장하였다. 앙투안 앙리 조미니(2014), p.479.

군사전략과 다른 점이 존재한다. 해양전략은 19세기 중반에서 20세기 초반 활약했던 미국의 알프레드 세이어 마한Alfred Thayer Mahan과 영국의 줄리안 콜벳Sir Julian Corbett을 통해 이론이 정립[13]되었다. 이 두 학자는 모두 '바다를 적극적으로 사용하고 다스리는[14]', 즉 해양지배에 대한 전략 개념을 제시하였으나, 공격과 방어전략에 대해 다른 견해를 지녔던 만큼 다음 〈표1〉과 같이 목표와 수단, 방법에서도 차이를 보였다.

먼저 마한은 '제해권Command of the Sea', 즉 모든 해양에서의 절대적 우세함을 해양력의 목표로 제시했다. 제해권은 "한 국가가 자국의 경제 및 국가안전을 유지하기 위하여 적 해군의 간섭을 배제할 수 있는 해양우세의 정도"[15]를 의미한다. 하지만 오늘날 어떠한 국가도 모든 곳에서 절대적 제해권을 가질 수는 없다. 이 때문에 콜벳은 상대적이고 제한적 개념의 해양통제Sea Control를 해양력의 목표라고 주장했다.

해양통제란 "아군이 필요로 하는 특정한 시기에 특정한 해역에서 적의 방해를 받지 않고 자유롭게 해양을 사용할 수 있도록 보장하고, 적의 해양사용을 거부하기 위하여 적의 해군력을 효과적으로 제압 또는 통제하는 상태"[16]를 의미한다. 즉, 해양통제는 제한된 시기와 구역, 대상

13 두 학자의 이론은 앙투안 앙리 조미니(Antoine Henri Jomini)와 카를 폰 클라우제비츠(Karl von Clausewitz)라는 각각 다른 출발 배경에서 비롯되었기 때문에 해양의 중요성을 강조한 것 이외에는 상당한 차이점을 지닌다. 두 학자가 제시한 해양전략의 개념과 각각의 유사성, 차이점은 박주미, "해양전략 이론 형성에 영향을 준 지상전략 이론", 『STRATEGY 21』 제21권 1호(2018)를 참고할 것.

14 강영오, 『해양전략론: 이론과 적용』(서울: 한국해양전략연구소, 1998), p.84.

15 Ibid., pp.122-123.

16 Ibid., pp.124-125.

에 대해서만 해양우세권을 지니는 상대적 개념이다.

〈표1〉 마한과 콜벳의 해양전략 비교[17]

구분		마한	콜벳
공통점	시대	19세기 중반 ~ 20세기 초반	
	해전의 본질	해상교통로 확보	
차이점	사상적 배경	조미니	클라우제비츠
	전쟁의 본질	무제한, 집중, 공격	제한, 분산, 방어
	해전의 목표	제해권	해양통제
	해전의 수행(방법)	함대결전	현존함대, 봉쇄, 통상파괴전 등

제해권과 해양통제를 달성하는 방법에는 '함대결전Decisive Engagement of Fleet'이 있다. "가용한 해군세력을 집중하여 적 해군을 격멸한다"라는 적극적 개념[18]의 함대결전은, 마한에 의해 가장 신속하고 확실한 방법으로 여겨졌다. 그러나 항공모함, 잠수함 등의 다양한 플랫폼이 등장하며 해전의 양상이 바뀐 오늘날에는 함대결전이 아직도 중요한 해군작전의 하나이기는 하지만 절대적 수단으로 여겨지지는 않는다.

반면 해양거부전략과 현존함대전략은 소극적인 해양력 목표를 지향한다. 먼저 '해양거부Sea Denial'란 "아군의 해양통제 노력을 최소한으로

17 해군 전력분석시험평가단, 『해양전략용어 해설집』(국군인쇄창, 2017), p.293.의 표에서 필자가 정리 및 편집.

18 Ibid., pp.130-131.

시도하면서 적의 해양사용 거부에 중점을 두는 것"[19]이다. 적 행동의 자유를 거부한다는 점에서 해양통제와 별개의 개념이라고 할 수는 없지만, 나의 선택이나 필요성보다는 상대방의 선택과 필요성이 먼저 고려된다는 점에서 해양지배와 해양통제보다는 제한적이고 소극적인 개념일 수밖에 없다. 프랑스, 독일 등 대륙국가의 전통적인 해양전략 개념으로, 주로 연안방어와 통상파괴 등을 통해 해양강국의 해양사용을 거부하는 것을 의미한다. 이를 위해서는 '해상봉쇄Blockade'의 방법이 사용될 수 있다. 해상봉쇄는 "적 또는 가상적국의 해상을 무력으로 봉쇄하여 타국과의 교역 및 통항을 못 하게 하는 조치"를 의미[20]한다.

오늘날 차단Interdiction, 선박출입항금지Embargo 등 제재와 관련된 용어로도 대체되어 사용되는 현존함대Fleet-in-Being는 "상대적으로 열세한 함대가 결전을 회피하고 세력을 보존함으로써 존재가치가 적 함대를 견제하고 행동의 자유를 제한하는 해군력 운용 개념"[21]이다. 기본적으로 방어적인 성격을 갖지만, 수동적인 방어개념만을 의미하고 있지는 않다. 전력이 열세한 상황에서 결전을 피해 주 세력을 보존하면서 적의 소부대를 공격하고 위협하면서 적의 전력을 약화시키고, 본인의 전력을 키워나갈 수 있기 때문이다. 현존함대는 아군에게는 유리한 지역을 보호하고, 적에게는 불이익이 되는 곳에 그의 항로를 정하도록 강요하거나 그의 작

19 Ibid., pp.126-127.

20 Ibid., pp.128-129.

21 Ibid., pp.132-133.

전계획을 수정하도록 만들 수 있다.[22]

2. 현존함대 전략 분석

앞서 살펴본 대로 현존함대는 방어적 성격의 해양전략이다. '현존함대'라는 용어는 1690년 비치 헤드Beachy Head 해전에서 영국의 해상지휘관이었던 허버트 토링톤Herbert Lord Torrington 제독이 프랑스 함대와의 전투에 적극적으로 임하지 않았다는 의회의 비난에 대해서 변명으로 처음 사용하며 등장[23]했다. 그러나 전략적 의미가 담긴 '현존함대 전략' 개념은 1891년 필립 콜롬Philip Colomb 제독의 저서 '해전Naval Warfare'에서 등장하였다. 콜롬 제독은 군사적 측면에서 함대는 지상군을 해상에서 지원하는 세력이라는 기본 개념을 가졌다. 현존함대 전략에 대해서는 '비록 전면에 나서서 싸울 수 없는 열세한 함대라도, 존재로 인해 연안 혹은 해상에서 우세한 적 함대의 행동을 제한마비할 수 있는 함대'라며, '군이 보호하고 있

22 강영오(1998), pp.82-83.

23 1690년 비치헤드 해전에서 드 투르빌(De Tourville) 제독이 이끄는 70여 척의 프랑스 함대와 토링턴(Torrington) 제독이 이끄는(6.30.~7.10.) 56척의(프랑스 기록은 60척) 영국-네덜란드 연합함대가 교전하게 되었다. 당시 토링턴 제독은 프랑스 함대의 수적 우세를 알게 된 이후 증원 세력이 도착할 때까지 프랑스 함대와의 교전을 피하려 하면서 "새로운 세력들이 합류될 때까지 프랑스 함대를 감시한다면 적은 자유롭게 활동하지 못할 것"이라고 주장하였다. 그는 결전을 회피하며 일시적인 방어태세를 유지하는 것이 제해권을 확보하는 유일한 방법이라고 주장하였다.

는 영토를 차지하려는 적에 대해 공격할 수 있는 능력과 의지를 지닌 함대'라고 설명[24]했다. 그러나 이후 현존함대 전략은 마한과 콜벳이 상이한 평가를 내리면서 그 개념과 정의에 대한 논란이 계속되었다.[25]

먼저 마한은 "현존함대 전략의 개념과 효과는 과장된 것"이라고 주장하면서, 현존함대 전략은 상대방 전력의 약함이나 준비태세 부족과 같은 내부적 문제로 효과를 볼 수 있을 뿐이지, 전략 자체가 억제력이 있어서 효과를 보는 것은 아니라고 비판하였다.[26] 그는 방자가 공자의 공격의도와 방향을 모르는 상황이라면, "방자는 공격 대상이 될 수 있는 지역 모두를 방어하기 위해서 세력을 분산시켜야만 하기 때문에 방자는 공자에 비해 약하다"라고 설명하였다. 마한은 "방어전략은 열세한 함대가 재보급 등 전투준비가 가능한 소수의 지정된 항구에서 무장된 병력으로 보호받는 상황에서만 취할 수 있는 전략"[27]으로 평가하였다. 반면 콜벳은 해양력에서의 현존함대 전략은 적을 막고 방어할 수 있는 함대를 유지하여 '해양방어'에 목표를 둔 전략으로 평가하면서, '그냥 존재'하

24 Philip Howard Colomb, *Naval Warfare: its Ruling Principles and Practice Historically Treated*(Franklin Classics Trade Press, 2018), p.122.

25 Hattendorf, John B. "The Idea of a 'Fleet in Being' in Historical Perspective", *Naval War College Review*, Vol.67, No.1, Article 6(2014), p.2.

26 마한은 공자는 계속 공격하기 위해 전진(이동)하며 실수하기 쉬운 상황에 놓인 반면, 방자는 그 시간에 생각하며 유리한 위치에서 더 많은 준비를 할 수 있기 때문에 유리하다고 주장하였다. Mahan, Alfred Thayer. edited by Westcott, Allan. *Mahan on Naval Warfare: Selections from the Writings of Rear Admiral Alfred T. Mahan*(NY: Dover Publications, 1999), p.87.

27 Ibid., p.90.

는 것을 넘어 '반격을 통해 승리를 포착할 수 있는 기회'의 개념으로 설명[28]하며, 방자가 공자에 비해서 강한 전략이 될 수도 있다고 가능성을 열어두었다.

이 두 학자의 기본적인 인식 차이는 그 이후의 학자들에게도 영향을 미쳤다. 먼저 마한의 주장을 옹호하는 입장이다. 라울 카스텍스Raoul Castex는 마한 쪽의 입장에서 콜롬의 주장은 과장되었고, 콜벳 역시 실전경험이 없는 현실을 모르는 민간인의 주장이라며 현존함대 전략의 무용성을 주장하였다. 그는 정박하여 있는, 열세한 현존함대가 '단순히 존재'한다고 해서 적의 공격을 차단할 수 있다거나 제해권을 획득 효과가 있다는 것은 명백한 과장이라면서, 실제적이고 진정한 방어를 위해서는 우세한 적을 마비시킬 수 있도록 공격정신과 의지, 전투노력, 그리고 물질적 자원이 허용하는 범위 내에서의 작전주도권이 반드시 필요함을 강조하였다.[29] 1930년대 독일계 미국인 허버트 로진스키Herbert Rosinski 역시 적의 과실에 의존하는 현존함대 전략은 공격적 방어가 아니라 안전을 우선시하는 수동적 후퇴라고 인식하였다. 콜린스 그레이도 공격적 해양전략에 무게를 두고, 전쟁에서 방어가 더욱 강한 것이라는 주장은 단지 지상전에서만 일반적으로 허용되는 것으로, "오로지 현존하는 전략적 이익을 보호하는 것에만 집착하는 해군은 새로운 승리를 쟁취할 수

28 Julian Stafford Corbett with an introduction and notes by Eric J. Grove, *Some Principles of Maritime Strategy*(Annapolis: U.S. Naval Institute, 1988), p.xxxiii.. 콜벳의 주장은 "콜벳의 현존함대 전략 분석"에서 자세히 분석할 예정임.

29 Raul Castex, translated and edited by Eugenia C. Kiesling, *Classics of Sea Power*(MD: Annapolis, U.S. Naval Institute, 1994), pp.338-356.

있는 유리한 전략적 상황을 창조할 수 없다"[30]라고 주장하였다. 그는 전략적인 방어태세는 심리적으로나 전술적으로 방어적인 태세로 만들어 전투에서 그들의 함정이 상실되는 것에 두려움을 심어주어, 지휘관들이 유리한 상황이 되어서도 위험을 무릅쓰고 전투에 참전하는 것을 꺼리도록 만든다고 보았다.

반면 허버트 리치몬드Herbert Richmond는 콜벳의 입장에서 "실제로 함대가 존재해야만 강한 적 함대의 실책에 대해 기회를 포착할 수 있다"라면서 열등한 함대라 하더라도 우월한 함대의 전투를 일시적이나마 억제할 수 있다고 주장[31]하였다. 또한, 제프리 틸Geoffrey Till은 현존함대 전략에 대한 개념 논쟁을 정리하면서 20세기와 21세기에 들어와서는 현존함대는 온건한 공격에서 수동적 방어에 이르기까지 다음 4가지의 개념을 모두 포함하고 있다[32]며 콜벳의 입장을 반영하여 분석하였다. 그는 현존함대 전략에는 첫째, 전투에서 일시적으로 결전을 피해서 제해권을 얻는 정도, 둘째, 우세한 적에 대해 결전을 피해 가면서 상선에 대한 공격 등 임무를 수행하며 긍정적으로 전략적 이익을 얻는 것, 셋째, 우세한 적이 제한받지 않고 해양을 사용하는 것을 거부하기 위한 수단으로 적을 끊임없이 피하거나 괴롭히는 것, 넷째, 약한 상대 함대의 생존을 보장하기 위해

30 Colin S. Gray, 임인수·정호섭 옮김, 『역사를 전환시킨 해양력』(서울: 한국해양전략연구소, 1998), p.51.

31 Sir Herbert William Richmond, *The Navy as an instrument of Policy, 1558-1727*(U.K.:Cambridge University Press, 1953), p.215.

32 Geoffrey Till, *Seapower: A Guide for the Twenty-First Century*(4th ed.) (NY: Routledge, 2018), p.218.

고안된 행동 조치 등의 의미가 모두 포함된다고 주장[33]하였다.

이렇게 현존함대 전략에 대한 개념과 효과에 대해서는 다양한 시각이 존재한다. 그러나 본 연구에서 분석한 사례연구의 시기는 이순신이 왜군에 비해 가장 약한 전력을 보유했을 시점인 칠천량해전과 명량해전 이후이다. 또한, 비록 이순신 함대는 왜군에 비해 약한 세력이었지만, 이후 조선수군은 재건과 승리를 달성했다. 이러한 일련의 과정을 설명하기 위해서는 약한 함대가 제해권 확보를 위해 취할 수 있는 전략, 특히 긍정적 효과를 설명할 수 있는 이론이 필요하다. 이 때문에 우세한 함대의 중요성과 '함대결전'이라는 공격적 전략을 강조한 마한에 비해 '약한 함대가 취할 수 있는 방어전략'이라는 측면에서 긍정적 결과와 효과를 조명했던 콜벳의 이론이 본 연구의 이론적 틀로 적합하다.

3. 콜벳의 현존함대 전략 분석

콜벳은 해전은 지상전과 다르게 패배했다고 해서 제해권을 모두 잃는 것은 아니라고 주장했다. 그는 이론과 역사를 통해 해양에서도 '전략적

33 역사학자 저커 이든(Jerker Widen)은 마지막 네 번째는 우세한 적에 대해 신뢰할 수 있는 실제적 위협이 될 수 없기 때문에 현존함대 전략이 될 수 없다고 보았다. 그는 '약한 반격(minor counterattack)은 방어 전략 범위 내에서의 제한된 방어적 행동'인 반면, '현존함대 전략은 약한 해군세력에 의한 방어적 억제전략'이라고 설명하면서 제해권 획득과 약한 반격은 개념적으로 서로 분리되어야 한다고 주장하였다. Hattendorf(2014), p.5.

방어'가 존재한다는 것을 증명할 수 있다면서 함대결전과 같은 공격적 작전을 통해 제해권을 획득하지 못할 정도로 약한 함대라고 해도 일반적인 방어 행동을 통해 특정 지역에서 제해권을 유지할 수 있다고 보았다.

콜벳은 지상전이나 해전에서의 '방어'란 군사력이나 정치적 면에서의 발전을 통해 적을 능가할 수 있거나 공격이 가능해질 때까지 적과의 결전을 억제하기 위한 조치들이라고 정의[34]하였다. 해상방어는 육상방어와는 다르다. 지상전에서 육군은 우세한 지점이나 요새를 점령하여 해당 지역을 유지하거나 우세한 적을 소진시키지만, 망망대해에서 펼쳐지는 해전에서는 이러한 방법으로 결전을 회피하기가 어렵다. 이 때문에 해전에서의 방어란 풍향, 기상 등의 상황이 우호적으로 바뀔 때까지 전략 혹은 전술적 행동을 통해 현존함대를 유지하는 것이다. 지상군은 유리한 요새와 지형을 점령하면 '영토의 점령'이라는 지상전의 목적을 달성하면서 적의 소모를 강요할 수 있으나, 해전에서는 이러한 유리한 요새나 지형을 찾기도 힘들뿐더러 이러한 곳에 함대를 점령한다는 것은 곧 제해권의 포기, 즉 상대방에게 제해권을 넘겨주는 것을 의미하게 되기 때문에 상대적으로 해전에서의 방어는 더 어렵다고 설명했다.

그가 주장한 해양방어의 핵심은 '쉬는 것'이 아닌 '이동'이다. 적의 우월성에도 불구하고 아군에게 우세한 반격의 기회를 잡을 때까지 언제 어디서나 적 세력이나 해상교통로를 공격하여 괴롭힘으로써 적의 주의

34 Corbett, Julian Stafford. *Some Principles of Maritime Strategy*(London: Perfect Library, 2015), p.142.

력을 분산시켜 현존함대를 유지하는 것이 '현존함대'의 개념[35]이다. 이는 지상전에서의 게릴라 전술과 유사한 것으로, 핵심은 '쉬는 것'이 아니라 '끊임없는 이동'과 '정신력'에 있다.

콜벳이 정신력을 강조한 것은 미국 독립전쟁 시 오랫동안 방어전략을 취했던 프랑스 해군이 강하게 되었을 때 역시 이러한 습성 때문에 적에게 공격하지 못했던 역사적 경험이 있었기 때문이었다.[36] 콜벳은 영국의 해군의 명장 넬슨Nelson과 켐펠트Kempenfelt가 주장한 바처럼 '쉼 없는 전투 의지'the spirit of restless와 '반격을 위한 경계심'vigilant counter-attack이 현존함대 전략의 핵심이라면서, 지휘관과 장병들이 함대결전과 같은 정규적인 전투가 아니더라도 해상훈련을 통해 이러한 행동과 정신을 갖추게 만들 수 있다고 주장했다.[37]

지금까지 논의된 콜벳이 주장한 성공적인 '현존함대 전략'을 정리해 보면 다음과 같은 5가지의 특징으로 정리해볼 수 있다. 첫째, 적보다 열세한 함대가 결전을 회피하며 현존세력을 유지하는 것이다. 둘째, 현존함대를 유지한다는 것은 '그냥 쉬는 것'이 아니라 기동성을 가지고 적에게 위협이 될 수 있어야 한다. 셋째, 열세한 세력이라도 적에게 위협이 되기 위해서는 반격 기회를 포착하여 반격할 수 있는 의지와 능력이

35 Till(2018), p.219.

36 콜벳은 프랑스가 대륙의 강대국으로서 가진 대륙사상 때문에 프랑스 해군이 방어적인 작전을 수행하도록 선택지를 제한했다고 주장했다. 그는 '전략'과 '정책'(policy)'은 다르지만, 프랑스의 이러한 정책은 해군에게 방어적 습성을 배이게 하여 프랑스 해군은 강하게 된 후에도 방어적 성격을 유지하게 되었다고 보았다. Corbett(2015), pp.150-151.

37 Corbett(2015), pp.150-151.

있어야 한다. 넷째, 현존함대 전략은 임시적 효과를 가지기 때문에 단지 세력만을 유지하는 것이 아니라 차후 세력확대를 위한 조건을 만들어가야 한다. 마지막으로 방어적 습성이 배지 않도록 해상훈련 등을 통해 지휘관과 장병들이 전투의지를 가지고 있어야 한다. 그렇다면 콜벳이 주장한 성공적인 '현존함대 전략' 이론을 통해 명량해전 이후 이순신이 이끄는 조선수군의 이동 항로를 설명할 수 있는 것인지 다음 장에서 확인해 보았다.

III. 명량해전 이후 조선함대의 상황과 이동항로

이순신은 1597년 9월 16일 명량해전에서 승리를 거두고도 '천행'이었다며 서둘러 당사도로 옮겨 정박하였다. 그리고 17일과 18일 어외도에 도착하여 피란선 300척과 의병들을 만나고 다시 19일 아침 일찍부터 배를 몰아 저녁에 법성포에 도착했으나, 해 질 무렵 다시 홍농으로 이동하였다. 20일 새벽에 다시 배를 띄운 이순신은 피란선이 많이 정박해 있던 위도에 도착하였으나, 21일 아침 일찍 출발하여 고군산도에 도착하였다. 다시 이순신은 10월 3일 이른 새벽에 배를 출발하여 변산을 거쳐 법성포로 되돌아왔고, 8일 또다시 출발하여 어의도에 도착하였다. 9일 아침 일찍 출발하여 우수영에 도착해 10일까지 머물다 11일 발음도에 도착하였고, 10월 29일 목포 보화도고화도에서 머물다 1598년 2월 16일 출발하여 17일 강진 고금도로 진을 옮겼다.

왜 이순신은 이러한 이동을 계속했었던 것일까? 난중일기에는 이순신이 직접 이에 대한 이유를 설명하고 있지 않기 때문에, 대부분의 학자들은 사실만을 기록[38]하고 있거나, 다양한 해석을 제시하고 있다. 먼저 이민웅은 "첫째, 서남해 해안 일대의 일본군 침략 상황을 살피는 동시에

38 이순신, 노승석 옮김, 『난중일기』(서울: 여해, 2018); 이순신, 박종평 옮김, 『난중일기』(서울: 글항아리, 2019)

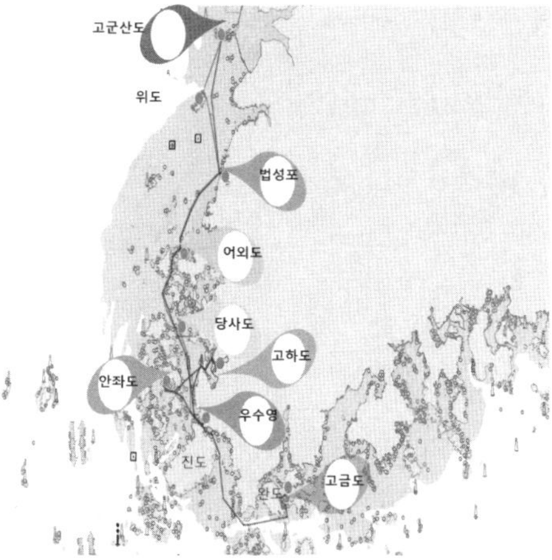

〈그림 1〉 명량해전 후 조선수군의 서해 이동로1597~1598[39]

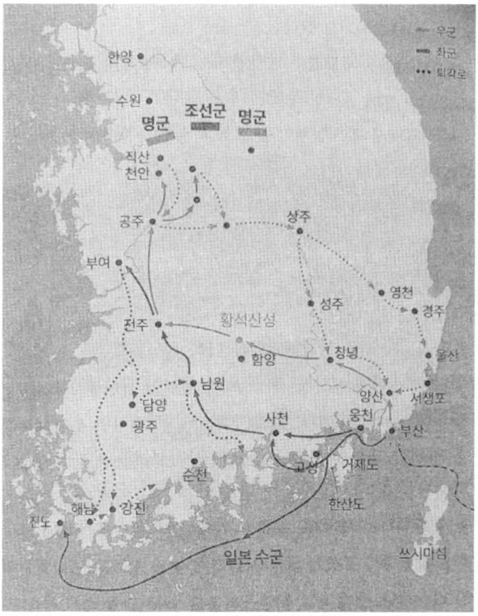

〈그림 2〉 정유재란 시 왜군의 이동 경로[40]

39 고광섭(2019), p.67.

40 Ibid., p.93.

조선 수군의 존재를 대내외에 시위하기 위한 것, 둘째, 도서지역에 있던 피란선들과 그 인력을 수군 재건의 터전으로 삼기 위해 이들을 규합하려고 이끌고 다녔던 것, 셋째, 서해의 해로 사정을 파악하면서, 겨울을 나기에 적합한 지역을 찾는 것이 목적이었다"[41]라고 보았다.

반면 제장명과 안영배, 김종대는 일본 수군을 피하기 위해서라고 주장하였다. 제장명은 명량해전에 참전한 일본군 세력은 선발대에 불과했는데, 당시 조선수군은 13척의 전선과 32척의 초탐선의 병력이었기 때문에, 일본군의 주력 수백 척과의 교전을 우려하여 고군산도까지 북상한 후 적 상황을 고려하면서 남하했다고 보았다.[42] 안영배와 김종대 역시 일본 수군이 전력을 재정비해 반격해 올 경우 수적 열세에 있는 조선수군이 이길 수 없는 상황이었기 때문에 이동했다고 분석하였다.[43]

조성도와 박혜일 등은 왜군을 피할 수 있는 적절한 수군터를 찾기 위해서라고 주장했다. 조성도는 사상자도 있고 군사들 모두가 극도로 피로하여 전투를 계속할 수 없는 상황에서 조선수군은 왜군의 재침을 고려하여 북쪽으로 이동했다고 주장했다. 이순신이 항해하면서 해상과 육상의 정세를 살피고, 왜군의 동향을 명확히 파악하며, 새로운 수군기지를 물색하였다며, 매우 추운 늦은 가을철 해상에서 조선 수군들이 입

41 이민웅, 『임진왜란 해전사: 7년전쟁, 바다에서 거둔 승리의 기록』(서울: 청어람미디어, 2014), p.236.

42 제장명, "정유재란 시기 조선 수군의 재건활동과 고하도", 『도서문화』 제52집(2018), pp.157-158.

43 안영배, 『잊혀진 전쟁, 정유재란』(서울: 동아일보사, 2018) p.154.; 김종대, 『이순신, 신은 이미 준비를 마치었나이다』(서울: 가디언, 2017), p.17.

고 있는 얇은 옷과 부족한 전쟁무기, 바닥난 군량 등을 해결할 방도를 찾았다는 것이다.[44] 박혜일 등 역시 같은 해석의 연장선에서 조선수군은 추운 날씨를 고려하여 재출동에 대비한 전선과 군기軍器 정비, 군량미 확보를 위해 적절한 수영터를 찾았다고 해석하였다.[45]

조선수군이 이동한 이유를 확인하기 위해서는 무엇보다 명량해전 전후 왜군과 조선 수군의 상황을 이해해야 한다. 정유년 1월 왜군은 카토오 및 코시니 등이 선봉군 1만4천 명을 거느리고 재침입[46]하였는데, 이순신이 이끄는 조선 수군 덕분에 임진왜란 초기 비교적 큰 피해를 보지 않았던 호남지역이 집중적인 보복의 대상이 되었다.

> 왜군은 칠천량해전에서 이긴 후 호남지역을 대상으로 집중적으로 분탕질을 쳤다. 1597년 8월 보름 남원성에서 조선인 백성 6,000여 명을 도륙하기 이전인 8월 3일, 왜군은 섬진강 하구의 하동과 구례에 도착하면서부터 살육, 약탈, 방화 등 만행을 저질렀다.[47]

> 8월 3일 적병이 대거 수륙으로 함께 전진하는데, 밀양·김해·진해·거제의 길에 연기와 불꽃이 하늘에 치솟았다. 금오金吾는 대장으로서 부산에 머물렀다. 4일 여러 갈래의 적이 이미 내지內地에 들어

44 조성도, 『이순신의 생애와 사상』(서울: 명문당, 2014), pp.435-436.
45 이순신, 박혜일 등 옮김, 『이순신의 일기, 난중일기』(서울: 시와 진실, 2016), pp.227-228.
46 조성도(2014), p.349.
47 안영배(2018), p.91.

와서 행장 등 선봉은 사천·남해 등지에 분탕질을 하고, 청정 등은 이미 초계·함안을 통과하고, 이튿날 의홍 등의 군사는 곤양昆陽의 금오산金鰲山과 노량露梁 등지에 배를 대고 산중을 수색하여 사람을 죽이고 재물을 빼앗고, 관청과 민가를 모두 불태우고, 선봉이 하동을 지나 진주·섬진으로 들어왔다. 진주 목사는 정개 산성을 버리고 우병사는 악견 산성을 버렸다. 갑비수甲裴守 등 적병이 광양光陽으로 향하니 전라병사 이복남李福男이 퇴각하여 옥과玉果로 향하였다. 6일 적선이 나아와 악양岳陽에 정박하였는데, 영남 바다로부터 5~60리 사이에 배가 가득 차서 마치 바다가 물이 없는 듯하였다. 척후斥候의 정탐이 이미 끊어져 소식을 알 수 없어서 남원부에서 하인 양제梁齊 등 다섯 사람을 시켜 달려가 적의 경계를 탐지하게 하였더니, 삽암插岩에 이르러 높은 곳에 올라 바라보고는 곧 돌아와 적의 형세를 보고하였다. 통제사 이순신이 원수의 진중陣中으로부터 출발하여 진주의 서로를 거쳐 구례로 향하다가 적선이 이미 나루터에 정백해 있는 것을 보고는 곡성을 거쳐 서해로 향해 갔다. 이때 배설이 배 12척으로 퇴각하여 진도의 벽파정 밑에 있었는데, 이순신이 그리로 달려갔다.[48]

〈그림 2〉와 같이 1597년 8월 정유재란이 시작되면서부터 왜군은 한반도의 남부를 점유하였고, 9월에 들어서면서 〈그림 3〉과 같이 왜성을 쌓

48 「난중잡록」(검색일: 2021.3.16.) https://db.itkc.or.kr/search/group?q=query†%EB%82%9C%EC%A4%91%EC%9E%A1%EB%A1%9D

으며 장기적인 호남지배를 고착화하기 시작했다.[49] 특히 임진왜란 초기 조선수군에 두려움을 가졌던 왜군이었지만 칠천량해전에서 승리를 후에는 자신감을 가질 수 있었다. 또한, 비록 명량해전에서 패하긴 했지만 조선 수군의 규모에 비해 워낙 대군이었기 때문에 왜군은 조선수군에 대해 바로 보복을 가할 수 있었다. 왜군은 명량해전 다음 날인 9월 17일 조선 수군의 근거지인 해남 우수영뿐만 아니라 그 맞은편의 진도벽파진까지 쳐들어가 많은 민간인을 죽이거나 노예로 끌고 갔다.[50] 이순신도 이러한 위급한 상황을 알고 있었을 것이고, 이에 1597년 9월 16일 신시오후 3~5시에 명량해전을 끝낸 후 곧장 당사도신안군 암태면로 출발했던 것이다.

당시 판옥선의 최대 선속은 6노트시속 약 11km였는데, 치열했던 전투 직후 피로한 상태에서 직선거리로 35km 정도였던 당사도까지 노를 저어 이동한다는 것은 결코 쉽지 않은 과정이었을 것이다. 그러나 이순신은 이튿날인 17일 다시 북쪽으로 30여km 떨어진 어의도신안군 지도읍까지 하루 꼬박 이동했다. 또한, 이동하면서도 이순신은 끊임없이 적의 적정을 철저히 살폈고, 서둘러 이동하기를 계속했다. 난중일기에는 조선함대가 이동하는 중에 왜군을 피해 도망 나온 난민은 물론, 왜군과 직접 마

49 왜군은 한반도에 주둔해 지낼 성을 지으면서 가혹한 노동 착취를 일삼았다. 고니시는 1597년 9월 1일부터 순천의 왜교(倭橋)에 주둔한 뒤 장기적인 호남 지배를 염두에 두고 왜교성을 쌓기 시작해 불과 3개월 만인 12월 초에 완성하였다. 조선인의 희생으로 전라도와 경상도에는 1597년 말까지 왜교성, 남해성, 사천성, 고성성, 거제성, 창원성, 양산성, 울산성이 지리적으로 점선처럼 연결돼 지어졌고, 각 성 간 상호 협력체제를 구축하였다. 이 중 유일하게 호남지역에 축성된 순천의 왜교성은 고니시군의 주력 대군이 주둔하는 호남 지배의 거점이 되었다.

50 안영배(2018), pp.164-165.

주친다거나 이순신의 이동항로를 따라 왜군들이 폐허를 만드는 장면들이 계속해서 등장[51]한다. 이 모든 것은 왜군이 이미 남해의 제해권을 장악한 상태에서 이순신을 쫓아다니며 조선함대를 격멸하기 위해 찾고 있었던 상황이었음을 보여주며, 이에 따라 이순신은 적 상황을 고려해 행동해야 했음을 알 수 있다.

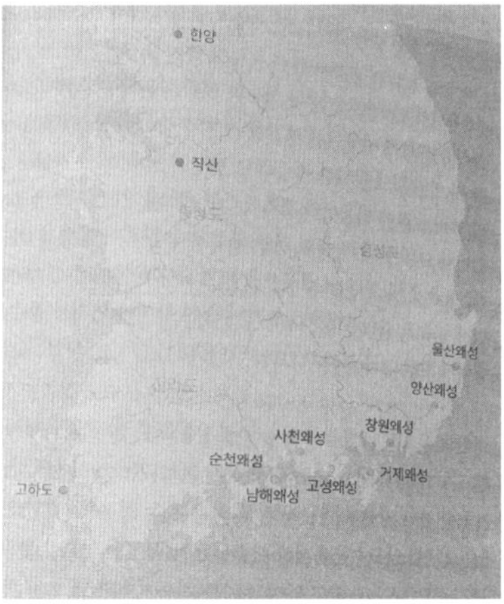

〈그림 3〉 정유재란기에 축성된 일본 왜성[52]

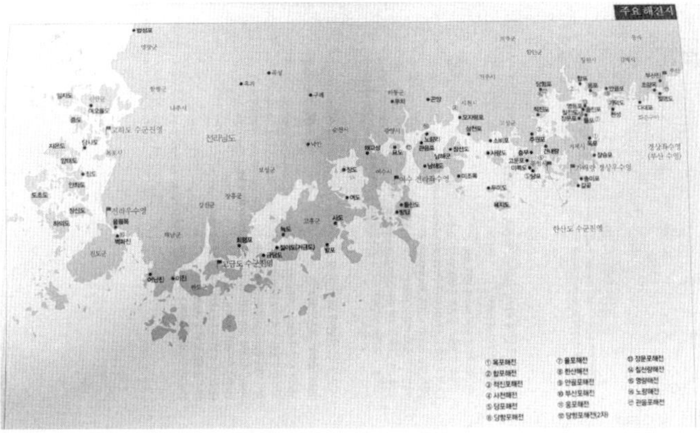

〈그림 4〉 임진왜란 주요 해전지와 해상진지 위치[53]

51 9월 19일(저녁에 법성포에 도착했으나 적이 육지를 거쳐 도착해 약탈하고 있음), 10월 1일(아산 고향의 집이 이미 불타고 노략질당함), 10월 9일(우수영이 폐허가 됨), 10월 11일(왜군으로 해남에 연기가 자욱함) 등.

52 안영배(2018), p.187.

53 김종대(2017), p.17.

10월 5일에 도체찰사 부사副使 한응인韓應寅이 다음과 같이 장계하였다.

"영광靈光에서 피난해 온 유생 이홍종李洪種 등의 선척船隻이 충청도 수영水營 앞 포구에 정박했으므로 수로의 왜적 형세를 물었더니, 홍종의 말 중에 항해 중 올라오는 포작인鮑作人을 연이어 만나 하도下道의 왜적 형세를 자세히 물어보니, '왜적의 배가 3 4척, 혹은 8 9척씩 영광 이남의 여러 섬에 들어가 살육을 자행하니 지극히 참혹하며, 영광 땅에 피난 중인 배 7척이 있었는데 남김없이 함몰되었다'라고 하였다. 또 제주도 장사꾼 황송년黃松年 등이 8월 그믐 사이에 제주도를 떠나 9월 초에 영광 땅에 닿았는데, 하는 말이 '적선이 떠나지 않았으므로 제주도 사람들이 서로 약속하기를 우리들이 모두 피란선을 준비했다가 만약 왜적을 만나면 이 배를 타고 본국으로 향해 떠나자' 하였는데, 제주도 피란선이 아직 한 척도 나온 것이 없으니, 제주도에 왜적이 없음을 이로써 알 수 있다."[54]

"9월 14일 적은 이미 영광군을 불 지르고 산과 바다를 샅샅이 뒤져 사람들을 마구 찔러 죽였다. … 중략 … 20일에 처음으로 들리는 소문은 왜군 함대 천여 척이 이미 우수영에 이르렀는데 통제사는 적은 수로 그에 맞서지 못하므로 전략상 해안을 따라 서쪽으로 이동했다고 하였다. … 중략 … 배가 진월도에 이르러 통제사의 배 10여 척

54 「선조실록 93권, 선조 30년 10월 13일 경오 6번째 기사, 1597년 명 만력(萬曆) 25년」(검색일: 2021.3.16.) http://sillok.history.go.kr/id/kna_13010013_006

이 이미 각씨도를 지났다 하기에 사공을 꾸짖어 빨리 배를 돌려 서쪽으로 올라가자 하였으나 북풍이 매우 세차 배가 올라가지 못하였다. … 중략 … 23일 대낮에 당두에서 논잠포로 향하였으니 안개 속에서 왜선 한 척이 문득 나타나 쏜살같이 달려왔다. … 중략 … 24일에 무안현의 한 바다굽이에 이르니 낙두라고 한다. 배가 중류에 떴을 때 왜적 한 놈이 통역을 시켜 '수군대장이순신이 지금 어데 있는가?' 하고 물었다. 내가 '태안의 안행랑은 예전에는 난행량이라고 하여 해마다 배가 내려오다가는 표류하거나 파선하므로 가기 어려운 곳이다. … 중략 … 중국에서 지원하러 나온 명장 명, 고 두 유격은 전함 만여 척을 거느리고 안행량의 위아래를 가로질러 벌써 유격선이 군산포에 닿았으며 우리 통제사는 또 전략상 후퇴하여 중국 군대와 합세하였다' 하였더니, 적의 무리는 서로 돌아보며 사기가 떨어졌다. … 중략 … 얼마 뒤 왜선들은 죄다 이곳을 떠나 남으로 내려갔다. 영산창, 우수영을 지나 순천 왜교에 이르니 성 쌓는 설비를 이미 갖추고 해안에 성을 높이 쌓고 있었다."[55]

이순신이 적 상황을 가장 민감하게 여겼다는 사실은 10월 10일 이후 적이 남해로 물러갔다는 소식을 듣고도 탐망선을 보내 여러 번 재확인하였다는 것과, 명군이 도착한다는 소식을 통해 안전에 대한 확신을 가진 후에야 비로소 10월 29일부터 108일간이라는 비교적 오랜 기간을

55 강항, 김찬순 옮김, 『간양록: 조선 선비 왜국 포로가 되다』(서울: 보리, 2006), pp.12-17.

고하도에서 머물렀다는 사실을 통해서도 확인할 수 있다. 이후 이순신은 조선 수군의 재건과 명나라 수군과의 합류를 통해 왜군보다 우세한 세력으로 거듭났다.

"9월 17일 피란선 300여 척이 먼저 도착해있었다.

9월 19일 무사히 칠산 바다를 건넜다. 저녁에 법성포에 도착했더니, 흉악한 적이 육지를 거쳐 도착해 있었다. 사람들의 집 곳곳을 불 지르고 약탈하고 있었다. 해 질 무렵 홍농 앞에 도착했다. 배를 정박시키고 묵었다.

9월 20일 새벽에 배를 띄웠다. 위도에 바로 도착했다. 피란선이 많이 정박해 있었다.

9월 21일 일찍 출발했다. 고군산도에 도착했다.

10월 1일 병조의 역자가 공문을 갖고 내려오며 전하기를 '아산 고향의 온 집이 이미 불타고 노략질당했고, 잿더미가 되어 남은 것이 없다'고 했다.

10월 7일 들으니, '호남 안팎에 모두, 적의 자취가 없다'고 했다.

10월 9일 우수영에 도착했더니, 성 안팎에는 사람들의 집이 하나도 남아 있지 않았다. 또 사람의 흔적도 없었다. 슬프고 참혹해 몸서리쳐지는 모습이었다. 저녁에 들으니, '해남에 흉악한 적이 머물러 진을 쳤다'고 했다.

10월 10일 밤 10시에 중군장 김응함이 와서 해남의 적에 대한 일을 전하기를, '도망쳐 후퇴하는 정황이 많았고, 이희급의 아버지는 적에게 사로잡혔다가 빌어서 풀려나왔다'고 했다.

10월 11일 정찰하고 살피는 사람으로 이순과 박담동, 박수환과 태귀생을 해남으로 보냈다. '해남은 연기가 하늘까지 자욱했다'고 했다. 반드시 적의 무리가 달아나 돌아가면서 불을 지른 것이겠구나. … 중략 … 조계종이 와서 왜적의 형편과 정황을 말했다. 또 말하기를 '왜 등이 우리 수군을 아주 싫어한다'고 했다.

10월 12일 탐선이 4일이 지나도 오지 않아 걱정이 되었다. 그러나 생각해보면, 흉악한 적이 멀리 도망치는 것을 뒤따라갔기에 되돌아오지 못하는 것이겠구나.

10월 13일 얼마 뒤 살피고 감시하는 배탐망선가 임준영을 싣고 와 적의 소식을 들었는데, '해남에 들어와 점거했던 적은 10일에 해남에 들어와 점거했던 적은 10일에 수군이 내려오는 것을 보고는 11일에 남김없이 도망쳤습니다. 그런데, 해남의 향리 송언봉과 신용 등이 적에게 들어가 왜놈을 이끌고 나와 선비를 많이 죽였습니다'라고 했다.

10월 15일 임홍과 임중형, 박신이 적의 세력을 살피려고 소선을 타고 장흥과 순천 등의 바다로 갔다.

10월 16일 밤 10시에 순천 부사우치적와 우후 이정충전라 우수영 우후, 금갑 만호이정표와 제포 만호주의수 등이 해남에서 돌아왔다. 적의 머리 13급과 적에게 투항한 송원봉 등의 머리를 베어왔다.

10월 18일 임계형과 임준영이 와서 인사했다.

10월 19일 거제 현령안위과 안골 만호우수, 녹도 만호송여종와 웅천현감, 제포 만호와 조라포 만호, 당포 만호안이명와 우우후전라 우수영 우후 이정충가 와서 만났다. 〈적을 사로잡았다는 공문〉을 와서 바쳤다. 윤건 등의 형제가 적에게 부역했던 2명을 잡아왔다.

10월 24일 해남에 있던 왜의 군량 322섬을 실어 왔다. 저녁 8시에 선전관 하응서가 임금님의 유지를 갖고 들어왔는데, … 중략 … '명나라 수군이 강화에 도착했다'고 했다.

10월 25일 저녁 8시에 선전관 박희무가 임금님의 유지를 갖고 들어왔는데, 이는 곧, '명나라 수병이 배를 정박하기에 적합한 곳을 헤아려 생각해 임금님께 긴급 보고하라'고 했다.

11월 20일 임준영이 와서 전하기를 '완도를 정찰하고 살폈더니, 적선은 없었습니다'라고 했다.

11월 29일 마귀의 차관 왕재가, '물길로 명나라 군사가 내려온다'고 했다."[56]

명나라는 일본과의 강화협상이 실패로 돌아가자 정유재란 시기 사로병진작전을 통해 대략 4만5,000명에서 5만 명 정도의 병력을 조선에 파병하였다.[57] 조명 연합군은 정유년 9월 7일 왜군 우군의 선봉격인 구로다 나가마사 부대를 직산전투장소미정에서 이기면서 일본군의 북상을 저

56 이순신(2019), pp.593-619.

57 명군의 사로병진작전은 무술년 초에 세워졌지만 실제 병력이 동원되어 작전이 시작된 것은 8월 중순이었다. 동로가 2만7,000여 명, 중로가 약 2만 명, 서로가 2만여 명, 그리고 수로가 2만3,000명으로 총 9만여 명으로 기록되어 있으나 이 숫자는 실제보다 크게 부풀려진 것으로 실제 병력은 그 절반 정도로 보는 것이 합리적이다. 이민웅, 『이순신 평전』(서울: 책문, 2017), p.378.

지시켰다. 이후 우군은 경기도 죽산과 안성까지 진출한 뒤 진천과 상주를 거쳐 경주와 울산 등 남부지방으로 회군하였고, 왜군의 좌군 역시 전라도 남부의 담양과 강진, 해남으로 남하하였다. 이러한 상황에서 벌어졌던 명량해전에서 일본 수군 역시 조선수군에게 패하자, 왜군은 정읍에서 향후 작전을 위한 군사회의를 열고 남부지방으로 회군하기로 결정하였다.[58]

명나라 병력 파견에서 특이한 점은 임진왜란 시기와는 달리 수군을 파견했다는 점이었다. 조선에 최초로 파견된 명나라 수군은 계금이 거느린 절강의 병력 3,200명으로, 정유년 겨울에 입국한 것으로 추정된다.[59] 이들은 육지에 상륙해 예교성에 주둔한 고시니 유키나가 부대를 견제하여 가토 기요마사를 구원하지 못하게 하는 역할을 담당했다.[60] 이후 계금의 수군들은 광동수군 5천 명을 거느린 수로군 대장 진린이 고금도 통제영에 합류하기 이전부터 조선수군과 고금도에 있었던 것으로 확인[61]된다. 본격적인 명나라 수군의 파병은 무술년 정월부터 추진되었고, 진린의 경우 6월 중순경 한성에 도착한 후, 7월 16일 고금도 통제영의 이

58 이민웅(2017), p.356.

59 계금의 수군은 1597년 11월 충청수영이 있는 오천항에 정박하였고, 12월 23일경에는 남원 시라산에 주둔하여 왜군의 후방을 방어하다 1598년 2월 21일 명나라 육군과 함께 오천항으로 되돌아왔다. 계금은 이후 1598년 3월 29일 이전에는 전라도 지방에서 조선수군과 합류하였을 것으로 추정된다. 송은일, “명나라 시기 수군의 대외 참전과 활약: 정유재란을 중심으로”, 『중국학논총』 제58호(2018), pp.242-243.

60 이민웅(2017), p.377.

61 송은일은 선조실록(선조 31년 3월 29일) 기록을 근거로 계금의 부대가 3월 29일 이전에 전라도 지방으로 이동하여 주둔하였을 것으로 판단하였다. 송은일(2018), pp.242-243.

순신 함대와 연합수군을 형성했다.[62]

〈그림 3〉과 〈그림 4〉를 보면 왜군의 주 세력이 주둔하고 있는 경상좌수영을 기준으로 조선수군의 세력에 따라 조선수군의 주둔지도 달라지고 있음을 확인할 수 있다. 조선수군이 가장 열세했던 명량해전 이후 시기에는 왜군으로부터 가장 멀리 떨어져 있었던 고군산도까지 북상하여 조선수군에게 적합한 진지를 찾았어야 했었다. 하지만 왜군과의 거리가 점점 좁혀지는 고하도와 고금도 수군진영의 위치에서 알 수 있듯 조선수군이 점점 재건하고 명군과도 합류하여 세력이 확장되자 조선수군은 조선수군에게 가장 유리한 해상진지를 선택하여 구축할 수 있었다.

62 이민웅(2017), p.382.

Ⅳ. 명량해전 이후 조선함대의 이동 이유 분석

그렇다면 이번 장에서는 앞서 2장에서 도출했었던 콜벳의 성공적인 '현존함대 전략'의 특징을 바탕으로 조선수군이 이동한 이유를 분석해보았다. 현존함대 전략은 첫째, 적보다 열세한 함대가 결전을 회피하며 현존세력을 유지하는 것이다. 명량해전 이후 조선수군이 왜군보다 열세하였는지, 그리고 조선함대가 결전을 회피하며 세력을 보존하려 했는지 분석해보아야 한다.

1597년 정유년 3월 중순부터 왜군의 주력 141,500여 명은 계속 바다를 건너왔다.[63] 일본 육군은 7월 초순, 모리 히데모토를 대장으로 한 6만4,000명의 우군과 우키다 히데이에를 대장으로 한 약 5만 명의 좌군, 수군 7,200명, 그리고 남부지방 수비군 2만 명 등 총 14만여 명의 출전 부대를 구성하였다. 고시니 유키나가를 선봉으로 한 좌군은 해로를 통해 사천과 구례로 상륙하여 8월 16일 남원성을 공략한 후 전주로 향했고, 가토 기요마사를 선봉으로 삼은 우군은 창녕, 의녕을 거쳐 8월 18일 함양의 황석산성을 함락한 후 전주성으로 향했다.[64] 이들 왜군은 육로뿐만 아니라 수로 역시 장악하여, 〈표 2〉의 명량해전 당시 양국 수군세력 현황에서 확연히 알 수 있듯이 왜군은 조선수군에 비해 최소 10

63 송은일(2018), p.237.

64 이민웅, 『이순신 평전』(서울: 책문, 2017), p.356.

배에서 최대 45배의 전력 우세를 보였다.[65] 이에 조선수군은 3장에서 확인한 바와 같이 1598년 7월 24일 절이도 해전[66]이 있기까지 왜군과의 해전을 벌이지 않았고, 오히려 만나게 되면 바로 이동하는 모습을 보였던 것이다.

65 명량해전 이후 왜군이 일부 철수한 것은 사실이지만, 그렇다고 서해 진출을 포기하고 경상도 해역으로 완전히 철수한 것은 아니었다. 강항의 〈간양록〉과 〈난중일기〉를 통해 확인할 수 있듯이 왜군은 명량해전 이후 우수영을 불태우고, 이순신 함대를 찾기 위해 무안 앞바다까지 진출했다. 조선수군을 찾아갔던 강항의 일가족은 조선수군 수색에 나섰던 왜군의 정탐선에 붙잡혀 당시 일본 수군의 본대가 있었던 무안으로 회항하였고, 인질들에게 조선수군의 행방을 물었던 점은 이러한 사실들을 방증한다. 이것은 곧 조선함대가 왜군에 비해 현저히 열세한 상황이었음을 알려준다.

66 이분의 〈행록〉에 따르면 명 수군의 본대가 도착한 이틀 뒤인 7월 18일 왜선 100여 척이 녹도를 침범하였고, 이순신과 진린의 함대는 금당도로 나갔으나 왜선 2척이 도망치는 것만 목격하였다. 이순신은 녹도 만호 송여종의 함선 8척(진린 도독의 배 30척)과 함께 절이도에서 경계, 감시토록 조치하였고, 다음날 새벽 적선 100여 척이 다시 급습해오자, 이순신 함대가 적선 6척을 불태우고, 적 수급 69급을 베는 성과를 거두었는데 이를 절이도 해전이라 한다. 이순신(2019), pp.1162. 1163. 선조수정실록(선조 31년 8월 1일)에는 이순신이 직접 화포를 쏘아 50여 척을 불태운 것으로, 선조실록(선조 31년 8월 13일)에는 적의 수급 70여 급을 벤 것으로 기록되어 있다. 고광섭은 선조실록과 이충무공행록, 선조수정실록의 분석을 통해 절이도해전의 일자를 7월 19일로 주장하였다. 고광섭, "이순신의 잊혀진 해전 절이도해전의 교전 상황 및 학익진 연구: 이순신의 해양전략 전술을 중심으로", 『Journal of the KNST』 Vol.3, No.2(2020), pp.75-87.

〈표 2〉 사료에 나타난 양국 수군의 세력[67]

사료 명		조선수군 세력(척)	일본수군 세력(척)
선조실록(이순신 장계)		전선 13, 초탐선 32	130여
선조수정실록		전선 12	200
난중일기	초서체 I	-	133
	초서체 II(속)	-	130여
	전서수록본	-	330여
행록		10여	333
징비록		12	200여
난중잡록		-	수백
고통제사이공유사		13	500 ~ 600
명량대첩비		10여	-
재조번방지		13	500 ~ 600
선묘중흥지		10여	100여(수백 겹)

현존함대 전략의 두 번째는 '그냥 쉬는 것'이 아니라 기동성을 가지고 적에게 위협이 될 수 있어야 한다는 것이다. 이순신은 명량해전에서 승리를 거둔 직후부터 고하도에 임시 정찰할 때까지, 즉 1597년 9월 16일부터 10월 29일까지 〈그림 1〉과 같이 당사도, 어외도, 칠산도, 법성포, 홍농, 고군산도, 법성포, 어외도, 우수영, 안편도, 고하도 등으로 끊임없이 이동하였다. 이는 이순신 함대가 기동성을 잃지 않고 있었음을 보여

67 제장명, 『이순신 백의종군, 하늘의 뜻을 알다』(서울: 행복한 나무, 2011), p.149.

준다. 그리고 그 과정에서 왜군과 마주치는 경우 오히려 왜군 측에서 겁을 먹고 도망치도록 만들 수 있었다.[68]

현존함대 전략의 세 번째는 열세한 세력이라도 적에게 위협이 되기 위해서는 반격 기회를 포착하여 반격할 수 있는 의지와 능력이 있어야 한다는 것이다. 이순신함대는 비록 주력 세력과의 결전은 피하려 했지만, 적이 소규모로 등장했을 때는 적극적으로 반격하였고, 진지 역시 적의 정보를 잘 알 수 있고, 적에게 위협이 될 수 있는 곳으로 지정하였다.[69] 1598년 3월 18일 이순신의 전선은 득양도에 있던 일본군 배 5척을 공격했고, 일본군은 도망쳐 흥양의 고도에 상륙했는데, 고도에 상륙한 일본군을 최희량 막하의 매복장 송정기가 공격해 3급을 베었다. 4월 14일에는 일본군 배 12척에 있던 일본군이 첨산에 상륙하자 최희량은 일본군과 싸워 30여 급을 베고, 1명을 붙잡는 전과를 거두기도 하였다.[70]

68 피란 중에도 조선수군은 왜군들에게 공포를 줄 수 있는 존재였다. 정유년 10월 11일 난중일기에는 이순신 함대가 도착하자 적의 무리가 해남에서 달아나면서 불을 지르는 장면과, 조계종이 와서 왜적의 형편과 정황을 설명하면서 "왜 등이 우리 수군을 아주 싫어한다"고 언급하는 장면이, 10월 12일자에는 탐선이 적이 도망치는 것을 뒤따라가는 모습이 기록되어 있다. 10월 13일자에도 임준영이 적의 소식을 보고하면서 "해남에 점거했던 적은 10일에 수군이 내려오는 것을 보고는 11일에 남김없이 도망쳤다"고 설명했다.

69 명량해전 이후 이순신의 해상진지 선정에서 고려되었던 요건들에 대해서는 박주미, "해상진지 고하도가 지니는 해양전략적 의의", 미래군사학회, 『한국군사학논총』 15권(2019년 6월), pp.43-68.을 참고할 것.

70 1598년 1월 5일부터 7월 23일까지는 난중일기에 기록이 없거나 멸실된 상태인데, 이 시기의 내용은 〈선조실록〉을 통해 확인할 수 있다. 상기 내용은 〈최희량 임란첩보서목, 보물 660호〉에 담긴 7통의 기록(첨산승첩, 고도승첩, 양강승첩, 남문승첩, 왜적의 머리를 벤 승리 보고, 남당승첩, 새로 건조한 전선 및 기타 물건에 대한 보고)에서 확인할 수 있다. 이순신(2019), pp.628-629.

특히 노량해전 이전에 있었던 조명 연합함대의 절이도 해전은 조선수군이 반격할 수 있는 세력과 시점이 되자 왜군을 공세적으로 공격하여 승리를 거둔 대표적 사례로, 이순신 함대는 단지 왜군을 소극적으로 피해 다니기만 했던 것이 아니라 적절한 기회가 생기면 적극적으로 반격하였다는 것을 보여준다.

현존함대 전략의 네 번째는 현존함대 전략은 단지 세력만을 유지하는 것이 아니라 차후 세력확대를 위한 조건을 만들어가야 한다는 것이다. 이순신 함대는 명량해전 승리 이후 고금도와 고하도에서 조선수군의 재건을 위해 노력한 결과 임진왜란의 마지막 해전인 노량해전에서 최종 승리를 거두면서 왜군을 조선에서 완전히 쫓아낼 수 있었다. 이순신은 명량해전 이후 〈표 1〉과 같이 왜군에 비해 열세한 세력에서 조선수군을 재건[71]하였고, 명 수군의 합류에도 충실히 대비[72]해 왔기에 〈표 3〉과 같이 우세한 전력을 갖출 수 있었다. 이러한 사실에 비추어볼 때 이순신의 명량해전과 노량해전 사이의 행적은 차후 세력확대를 위한 준비였음을 알 수 있다.

71 명량해전 이후 조선수군의 재건 경과 및 결과에 관해서는 제장명(2011), pp.178-241.

72 명량해전 이후 이동 중에도 이순신은 많은 장수와 연락관 등을 통해 다양한 소식을 접하였다. 특히 1597년 10월 24일 난중일기와 선조실록에는 선전관 하응서가 명나라 수군이 강화에 도착했다는 소식과 임금님의 유지를 전달하는 내용이, 11월 29일에는 명나라 마귀의 차관 왕재가 명나라 군사가 물길로 내려온다는 소식을 직접 전하는 내용이 기록되어 있다. 실제 명군의 경리 양호는 "이순신에게 군사가 주둔할 처소와 군사가 움직이고 있는 상황을 물어보라고 하였으나 달이 지나도록 회담이 없다"라고 질책하기도 하였다. 제장명(2011), p.190. 이에 이순신은 추위를 피할 수 있고, 전선건조, 군량과 군수, 병력확보 등이 용이한 고하도에서 체류하다 명나라 수군 본진이 합류가 임박하자 왜적의 본진과는 더 가까운 요충지로, 군량 확보 등이 더욱 용이한 고금도로 이진하였다.

〈표 3〉 고하도·고금도에서의 전력증강 현황판옥선[73]

구분	명량해전 직후 (1597.9.17.~10.28.)	고하도 주둔기 (1597.10.29.~1598.2.16.)	고금도 주둔기 (1598.2.17.~7.15.)
병력확보	1,000여 명	2,000여 명	7,300여 명
전선건조 (판옥선)	13척 (기존 전선 유지)	53척 (40척 추가 건조)	60~70척 (10여 척 추가 건조)

마지막 현존함대 전략은 방어적 습성이 배지 않도록 해상훈련 등을 통해 지휘관과 장병들이 전투의지를 가지고 있어야 한다. 명량해전 이후 조선수군은 왜군의 주력함대와의 결전을 피하고 세력을 유지하기 위해 계속 이동해야 했던 상황 속에서 하루하루가 실전이었기 때문에 해상훈련을 할 수 있는 상황은 아니었다. 하지만 왜군의 만행이 심각한 상황이었기 때문에 수군뿐만 아니라 피난민들 역시 왜군에 대한 적대감과 반격을 위한 전투 의지가 강한 상태였다. 이순신이 가는 곳마다 피난민들이 몰려왔고, 이들 중에는 전투 의지가 충만한 인재가 가득했다.[74] 여기에 더하여 이순신은 군기를 어지럽히는 이들에 대해서는 처벌을 엄정히

73 제장명(2011), p.220.

74 명량해전 당시 장흥, 해남, 영암, 흥양 등에서 피난민의 우두머리로 이순신 함대에 합류한 이들로는 마하수, 백진남, 김성원, 문영개, 변홍원, 백선명, 김택남, 임영개, 김안방, 백송호, 정운희 등이 있었다. 제장명(2011), pp.172-173. 명량해전을 전후한 시기에 천오백여 병력이었던 것이 고금도로 이전할 때에는 이보다 두 배 이상 증가했던 것으로 보이며, 회재 이언적의 손자였던 이의온이 이 시기에 자원해 충원된 대표적 인물이다. 그는 이순신 휘하에서 군량관리를 맡아 해로통행첩을 발행, 10여 일 만에 만여 석의 군량을 확보하는 성과를 거두었다. 이민웅(2014), p.237. 『간양록』의 저자 강항 역시 이순신 함대에 합류하기 위해 이동하다 왜군에게 포로로 붙잡혔다.

하면서도, 조정에 건의하여 군공을 세운 인원들에게 포상이 주어질 수 있도록 조치하여 군사들의 사기를 북돋웠다.[75] 이러한 조건과 상황 속에서 장기간의 조선수군의 재건 기간에도 군사들은 전투 의지를 잃지 않을 수 있었다.

75 10월 13일 싸움에 나서지 않았던 우수영 우후 이정충 처벌, 10월 19일과 22일 민심과 군기를 어지럽힌 죄인을 붙잡음, 10월 30일 죄인들을 목 베어 효시하고, 곤장 처벌. 11월 2일 전선 관리에 소홀했던 담당 군관 당언량에게 곤장 처벌. 11월 3일 도망간 배설의 처벌을 논함. 11월 12일 타작을 방해하는 자들을 처형하고 가둠. 1598년 2월 9일 도망친 군관 현응신 처벌에 관한 장계 상신 등 잘못한 이들에 대한 엄격한 처벌로 군기를 유지하였다. 하지만 동시에 선조실록 1597년 11월 10일(선조수정실록 1597년 9월 1일) 명량대첩을 임금님께 보고하는 장계, 선조수정실록 1598년 8월 1일 고금도에서 왜적을 크게 부순 것을 임금님께 보고한 장계(선조실록 1598년 8월 13일 명나라 진린 도독이 왜적의 머리를 벤 것을 빼앗은 것을 임금님께 보고하는 장계) 등을 통해 거제현령 안위는 정3품 통정대부가 되었고, 이순신도 은자 20냥을 상으로 받는 등 공이 있는 자들에게 포상을 돌아갈 수 있도록 하여 사기 진작에 힘썼다.

V. 결언

우리나라에서 이순신을 제외하고 해양전략을 이야기할 수 없을 정도로 임진왜란에서 그가 보여준 전략 전술은 우리에게 절대적 의미를 가지며, 오늘날까지도 많은 전략적 교훈을 준다. 하지만 그가 연전연승을 거둔 사례들과 이유에 대해서는 많은 연구가 이루어졌지만, 왜군에 비해 가장 약한 전력을 보유했을 시점인 칠천량해전 이후, 특히 명량해전 이후의 전략에 대해서는 상대적으로 많은 연구가 이루어지지 않았다. 그러나 이에 대해서는 오히려 더 많은 연구가 이루어져야 한다. 왜군에 비해 절대적으로 약세이었음에도 불구하고 이후 조선수군이 부활하여 최종 승리를 달성할 수 있었던 중요한 시기였기 때문이다. 이에 본 연구는 약한 함대가 제해권 확보를 위해 취할 수 있는 전략, 특히 긍정적 효과를 설명할 수 있는 콜벳의 현존함대 이론을 분석 틀로 삼아 이순신 함대가 명량해전 이후 취했던 이동 이유에 대해 분석하였다.

콜벳의 성공적인 '현존함대 전략' 특성에 따라 분석한 결과, 이순신의 조선수군은 첫째, 절대적으로 우세한 왜군의 본진과는 결전을 회피하며 현존세력을 유지하기 위해 노력하였다. 둘째, 조선수군은 '그냥 쉬는 것'이 아니라 기동성을 가지고 적합한 시점이 오기를 기다리며 그 기회를 잡기 위해 끊임없이 이동하였다. 셋째, 비록 조선수군은 왜군 본진과의 결전은 피하려 했지만, 본진과 떨어져 개별 이동하는 적 세력에 대해서는 반격 기회를 포착하여 격멸함으로써, 왜군에게 위협적인 존재로 인식될 수 있었다. 넷째, 이순신은 단지 세력만을 유지하는 것이 아니라 조선수군을 재건하기 위한 적합한 곳에 진지를 구축하였고, 명나라 수군과의 합류 등 차후 세력확대를 위한 조건을 만들어가며 대비하였다. 마지막으로 이순신은 현존함대 전략으로 볼 수 있는 그러한 전략으로 인해 방어적 습성이 배지 않도록 군기를 더욱 엄정히 하고, 공을 세운 인물들에게는 적절한 포상이 주어지도록 조치하여 장병들이 전투의지를 가지고 기회가 왔을 때 반격할 수 있도록 만들었다.

결국 명량해전 이후 조선수군이 그러한 항로로 끊임없이 이동했던 것은 제해권 확보를 위한 이순신의 성공적 현존함대 전략의 일환이었고, 그 전략의 충실한 이행을 통해 조선수군은 칠천량해전의 참패 속에서도 재건하여 왜군에게 최종 승리를 거둘 수 있었던 것이다.

주제어: 줄리안 콜벳, 해양전략, 이순신, 현존함대 전략, 조선함대

참고 문헌

단행본

_ 강영오, 『해양전략론』(서울: 한국해양전략연구소, 1998.)

_ 강항, 김찬순 옮김, 『간양록: 조선 선비 왜국 포로가 되다』(서울: 보리, 2006.)

_ 김종대, 『이순신, 신은 이미 준비를 마치었나이다』(서울: 가디언, 2017.)

_ 박창희, 『군사전략론』(서울: 프래닛미디어, 2017.)

_ 『선조실록』

_ 안영배, 『잊혀진 전쟁, 정유재란』(서울: 동아일보사, 2018.)

_ 안툴리오 에체베리아, 나종남 옮김, 『군사전략 입문』(서울: 황금알, 2019.)

_ 앙투안 앙리 조미니, 이내주 옮김, 『전쟁술』(서울: 책세상, 2014.)

_ 이순신, 노승석 옮김, 『개정판 교감완역 난중일기』(서울: 여해, 2018.)

_ ______, 박혜일·최희동·배영덕·김명섭 옮김, 『이순신의 일기, 난중일기』(서울: 시와 진실, 2016.)

_ ______, 박종평 옮김, 『난중일기』(서울: 글항아리, 2019.)

_ 이민웅, 『이순신 평전』(서울: 성안당, 2017.)

_ ______, 『임진왜란 해전사』(서울: 청어람미디어, 2014.)

_ 이종학, 『전략이론이란 무엇인가: 손자병법과 전쟁론을 중심으로』(대전: 충남대학교 출판문화원, 2010), p.40.

_ 제장명, 『이순신 백의종군, 하늘의 뜻을 알다』(서울: 행복한 나무, 2011), p.149.

_ 조성도, 『이순신의 생애와 사상』(서울: 명문당, 2014.)

_ ______, 『임진장초』(서울: 연경문화사, 2015.)

_ 카를 폰 클라우제비츠, 류제승 옮김, 『전쟁론』(서울: 책세상, 2016.)

_ 해군 전력분석시험평가단, 『해양전략용어 해설집』(국군인쇄창, 2017.)

_ 콜린스 그레이, 임인수 정호섭 옮김, 『역사를 전환시킨 해양력』(서울: 한국해양전략연구소, 1998.)

학술지, 잡지 등에 게재된 논문

_ 고광섭 등, "난중일기에 기록된 안편도(발음도)의 지리적 위치에 관한 실증 연구", 『한국항해항만학회』, 42권 6호, 2018.

_ ______, "이순신의 잊혀진 해전 절이도해전의 교전 상황 및 학익진 연구:이순신의 해양전략·전술을 중심으로", 『Journal of the KNST』, Vol.3, No.2, 2020.

_ ______, "이순신 구국의 항로 12 해상진 연구", 국립목포해양대학교, 『2019년 민학관군 합동세미나』2019.11.8.

_ 김정익, "전례(戰例) 분석을 통한 한국의 방어전략 모색: 군사전략의 의미와 방어전략 유형을 중심으로", 『국가전략』, 제18권 1호, 2012.

_ 박주미, "해상진지 고하도가 지니는 해양전략적 의의", 미래군사학회, 『한국군사학논총』, 15권, 2019.

_ ______, "해양전략 이론 형성에 영향을 준 지상전략 이론," 『Strategy 21』, 제43 2018.

_ 박창희, "전략의 패러독스: 비대칭전쟁에서의 '결전'과 '약자의승리'" 『한국정치학회보』, 제43집 제1호, 2009.

_ 송은일, "명나라 시기 수군의 대외 참전과 활약: 정유재란을 중심으로", 『중국학논총』, 제58호, 2018.

_ 제장명, "정유재란 시기 조선 수군의 재건활동과 고하도", 『도서문화』, 제52집, 2018.

영어권 단행본

_ Castex, Raul. translated and edited by Kiesling, Eugenia C. *Classics of Sea Power*(MD: Annapolis, 1994.)

_ Colomb, Philip Howard, *Naval Warfare: its Ruling Principles and Practice Historically Treated*(Franklin Classics Trade Press, 2018.)

_ Julian Stafford Corbett with an introduction and notes by Eric J. Grove, *Some Principles of Maritime Strategy*(Annapolis: U.S. Naval Institute, 1988.)

_ ______, *Some Principles of Maritime Strategy*(London: Perfect Library,

2015.)

_ Mahan, Alfred Thayer. edited by Westcott, Allan. Mahan on Naval Warfare: Selections from the Writings of Rear Admiral Alfred T. Mahan(NY: Dover Publications, 1999.)

_ Richmond, Herbert William. *The Navy as an instrument of Policy, 1558-1727.*(U.K.: Cambridge Univ. 1953.)

_ Till, Geoffrey. *Seapower: A Guide for the Twenty-First Century* 4th editition(NY: Routledge, 2018.)

영어권 논문

_ John Shy, "Jomini,"ed. Paret, Peter. *Makers of Modern Strategy: From Machiavelli to the Nuclear Age*(NJ: Princeton University Press, 1986)

_ Hattendorf, John B. "The Idea of a "Fleet in Being" in Historical Perspective", *Naval War College Review,* Vol.67, No.1, Article 6, 2014

인터넷 검색

_ "난중잡록"(검색일: 2021.3.16.)

_ https://db.itkc.or.kr/search/group?q=query†%EB%82%9C%EC%A4%91%EC%9E%A1%EB%A1%9D

_ "선조실록 93권, 선조 30년 10월 13일"(검색일: 2021.3.16.) http://sillok.history.go.kr/id/kna_13010013_006

해상진지 고도하가 지니는 해양전략적 의의*

* 이 연구는 미래군사학회의 「한국군사학논총」 제15권 1호(2019년 6월)에 게재된 같은 제목의 논문이다.

Ⅰ. 서론

우리 국민이라면 누구나 임진왜란이라는 절체절명의 국난에서 우리 국가와 민족을 구해낸 충무공 이순신에 대해서 어려서부터 많이 들어왔고, 또 잘 알고 있을 것이다. 숱한 어려움과 역경 속에서도 오직 나라와 겨레를 위해 보여준 희생정신과, 또 그가 이뤄낸 '전승'이라는 기적 같은 신화는 오늘날까지도 많은 놀라움과 교훈을 주고 있다. 때문에 이순신 개인에 대해서[1], 또는 그의 리더십에 대해서[2], 임진왜란 해전사에 대해서 등 다양한 각도에서 연구가 끊임없이 이어져 오고 있는 것이리라.

그러나 안타깝게도 군사학과 해전사 모두를 이해하고 다루어야 한다는 제약으로 인해 해양전략적 관점에서의 연구는 상대적으로 많이 이뤄지지 않았다.[3] 특히 해전 자체에 대해서는 준비와 진행경과, 승리의 원인

1 이 연구는 미래군사학회의 「한국군사학논총」 제15권 1호(2019년 6월)에 게재된 같은 제목의 논문이다.

2 이순신 개인에 관한 연구는 활발히 진행되어 많은 관련 자료가 있다. 이은상, 『이충무공 일대기』(서울: 국학도서관출판, 1946); 최석남, 『이순신과 그들』(서울: 명양사, 1561); 조성도, 『충무공 이순신』(서울: 남영문화사, 1985); 김영숙, "충무공이순신 연구", 경희대학교 박사학위논문(1993)

3 해군충무공 리더십센터, 순천향대학교 이순신연구소, 해군사관학교 박물관, 여해고전연구소 등 이 부분만 전문적으로 연구하는 기관, 시설 등이 다수 존재하며, 이에 따라 군에서뿐만 아니라 경제, 사회, 문화 등 전반적인 분야에서 많은 연구와 서적이 존재한다. 충무공 리더십, 승리요인 등에 관해서는 많은 연구가 진행되어 있다. 본 연구에서는 해상진지에 초점을 맞추고 있으므로 이 부분은 생략한다.

분석 등 역사학계를 중심으로 연구가 지속적으로 이루어지고 있으나, 그 이외의 해상거점, 의병과의 합동작전 등 종합적이고 다각적인 전략적 분석은 다소 부진한 실정이다.[4] 이에 본 논문에서는 해양전략적 관점에서 그가 택한 해상거점에 대해 분석해보고자 한다.

그렇다면 어떤 지역의 어떤 해상거점을 연구 대상으로 삼을 것인가? 사실 육전에서의 연전연패로 당시 수군지휘관들은 해상거점을 찾기 쉽지 않았고, 칠천량해전 패배 등 시시각각 달라지는 전세 때문에 임시 혹은 장기간 사용해야만 했던 수많은 수군 진영들이 오늘날까지 존재한다. 또 전라좌수영 본영과 삼도수군통제영으로 사용했던 여수의 진남관, 한산도의 삼도수군통제영, 진도의 벽파진과 해남의 우수영, 목포의 고하도와 완도의 고금도 등 각각의 진영 모두 역시 연구할 가치가 충분하다.[5]

그러나 본 연구에서는 이 수많은 거점 중 가장 어렵고 열세했던 시

4 임원빈은 그동안의 이순신 관련 대부분의 연구는 추상적인 영웅의 면모에 초점을 맞춘 이른바 영웅사관의 관점에서 바라보았다는 문제가 있었다고 지적하며, 앞으로의 연구는 전략, 전술 등 위대한 군사전문가로서의 객관적 사실에 초점을 맞추어야 한다고 지적하였다. 그는 군사전략적 관점에서 연구를 진행하였는데 손자병법의 전쟁승리의 원칙 7가지[병력집중, 화력집중, 주동권(主動權) 확보, 지리이용, 정보획득, 만전지책(萬全之策), 선승구전(先勝求戰)]를 토대로 이순신의 병법을 분석하였다. 임원빈, 『이순신 병법을 논하다』(서울: 신서원, 2005), pp.19-32.

5 다행히 최근 들어 기존 역사학적 관점 위주의 연구에서 벗어나 천문과 지리의 관점, 일본 등 해외 각국의 관점, 기존 연구의 문제점 분석 등 다양한 시각에서 이순신 관련 연구가 시작되고 있다. 천문과 지리의 관점은 이봉수, 『이순신이 싸운 바다』(서울: 새로운 사람들, 2008); 이봉수, 『천문과 지리 전략가 이순신』(서울: 가디언, 2018) 등을 참고. 일본 등 해외 연구현황에 대해서는 이종각, 『일본인과 이순신』(서울: 이상, 2018)을 참고. 기존 연구의 문제점 분석에 대해서는 김헌식, 『위인전이 숨기는 이순신 이야기』(서울: 평민사, 2004); 혜문, 『How are you? 이순신』(서울: 작은숲, 2012); 김동철, 『우리가 꼭 한번 만나야 하는 이순신』(서울: 선출판사, 2018) 등을 참고할 것.

기에 다시 수군을 재건했었던 곳, 즉 칠천량해전에서 명량해전의 승리를 거두고, 노량해전 이전까지 짧은 1년여의 기간 동안 비약적인 전쟁준비를 이루었던 거점 '고하도'를 중심으로 살펴보고자 한다. 무엇보다 고하도는 첫째, 전쟁 이전에 지정되어 있는 곳이 아니라, 전쟁 중에 선정된 기지이고, 둘째, 충무공 이순신이 직접 결정한 장소라는 점, 셋째, 무엇보다 짧은 기간 동안 조선수군을 무에서 유로 재창조했다고 할 만큼 열세한 상황에서 준비된 상황으로 변화시켰던 장소이기 때문에 그 의미가 남다를 것이라고 여겼기 때문이다. 그리고 마지막으로 이러한 역사적, 전략적 가치에도 불구하고 한산도, 진남관, 고금도 등 다른 진영에 비해서 상대적으로 많은 연구가 이루어져 있지 않기 때문이다.[6]

이에 본 연구에서는 먼저 고하도에 수군통제영이 세워질 무렵의 시대적 배경과 실제로 이 거점에서 어떠한 성과가 있었는지를 분석하면서 Ⅲ장, 해전의 특징과 수행, 전략적 거점, 해상기지의 조건 등 당시 충무공 이순신의 해양전략을 확인Ⅳ장해 보려 한다. 확인을 위해 사용할 분석의 틀은 대표적 해양전략 이론가인 알프레드 마한Alfred T. Mahan, 줄리안 콜벳Julian S. Corbett은 물론, 해상기지의 중요성을 강조한 스태픈 루스Stephen B. Luce 등의 해양전략가들의 이론Ⅱ장이다.

즉, 본 연구의 흐름은 해양전략 이론가들의 분석의 틀을 바탕으로, 충무공 이순신이 고하도에서 어떠한 활동을 했는지를 분석하고, 이를

6 본 논문에서 해상진지, 해상기지(Base)란 개념은 해군용어사전의 사전적 정의를 따라 "각종 작전이 계획되고 지원되는 지역, 각종 지원시설을 보유하고 있는 지역"을 의미한다. 해군본부, 『해군용어사전』(진해, 2011), p.110.

통해 충무공이 해상거점을 선택한 이유와, 고하도가 지니는 해양전략적 의의를 알아보는 것이다. 그리고 마지막 결론V장에서는 본 연구의 결과를 종합하고, 오늘날 우리에게 주는 함의에 대해 다룰 것이다.

II. 해양전략 이론을 통해 본 해상기지[7] 조건

바다는 인류의 역사와 함께한다고 말할 수 있을 정도로 인간의 삶에 지대한 영향을 주었다. 때문에 바다에 관한 이론들, 즉 해상에서의 경제 활동이나 바다를 통한 정복, 항해술, 해양학, 해군력 등에 대한 관심은 세계 각지에서 꽤 오랜 역사를 지니고 있다.[8] 그러나 해양력sea power이란 용어를 처음 만들며 '바다'의 가치와 해양전략에 대한 인식을 새롭게 정립하였고, 미국은 물론 영국, 독일, 일본 등 수많은 나라의 해양정책에 큰 영향을 끼쳤으며, 지금도 영향을 미치고 있는 대표적인 해양전략가는 단연 알프레드 세이어 마한Alfred T. Mahan, 1840~1914과 줄리안 콜벳Julian S. Corbett, 1854~1922이다.[9]

마한은 해양력Sea Power, 제해권Command of the Sea, 해상교통로Sea Line of Communications 등의 해양전략의 기본개념을 최초로 제시한 해양전략가

7 본 논문에서 해상진지, 해상기지(Base)란 개념은 해군용어사전의 사전적 정의를 따라 "각종 작전이 계획되고 지원되는 지역, 각종 지원시설을 보유하고 있는 지역"을 의미한다. 해군본부, 『해군용어사전』(진해, 2011), p.110.

8 1900년까지 해군사상의 기원에 대한 연구는 제프리 틸(Geoffrey Till), 배형수(역), 『21세기 해양력』(서울: 한국해양전략연구소, 2011), p.96-97.를 참고할 것.

9 마한과 콜벳의 주요 경력과 저서에 대해서는 김기주, "머핸과 코벳의 해양전략사상", 군사학연구회『군사사상론』(서울: 플래닛미디어, 2016), pp.330-334.; 강영오, 『해양전략론』(서울: 한국해양전략연구소, 1998), pp.139-143.; 김현기. 『현대해양전략사상가』(서울: 한국해양전략연구소, 1998), pp.187-252. 등을 참고할 것.

이고, 콜벳은 전쟁이론, 해전이론, 해전의 수행 등 해양전략 이론을 보다 구체화 및 체계화시킨 인물이다. 때문에 해양전략 이론을 바탕으로 해상기지 조건을 파악하기 위해서는 이 두 사람의 이론이 가장 기본이 될 수밖에 없다.

그러나 이 두 전략가는 1900년대 초의 해양전략의 선구자들이기 때문에, 해군기지라는 부분에 대해서는 해양전략이라는 큰 틀에서 전반적인 개념만을 제시하고 있을 뿐이다. 때문에 현대적 관점에서 적용할 수 있는 해상기지의 구체적인 요건들을 확인하기 위해서는 스태픈 루스 Luce, Stephen B., 1827~1917의 이론을 반드시 살펴보아야 한다. 그는 해군대학원 설립, 미 해군의 전문직업화 과정 정립 등을 통해 군사교육·훈련 분야는 행정, 전략운용 등에 있어 지속적인 영향을 미치고 있는 해양전략가로서, 그 어느 이론가들보다 구체적으로 해양기지의 요건을 제시하고 있기 때문이다.

1. 마한의 전략적 거점

먼저 마한은 '해양력'이라는 개념과 함께 '해양전략'이라는 새로운 학문 분야를 개척한 선구적 해양전략가로서, 역사적 사실을 바탕으로 왜 해군력이 중요한지, 또 이를 위해서 무엇을 어떻게 해야 하는지 명확한 방향성을 제시한 인물이다. 특히 그는 그의 저서 『해양력이 역사에 미치는 영향』[10]을 통해 역사상 많은 제국들의 흥망이 제해권을 확보하는 문제와 깊은 관계가 있음을 증명하였는데[11], 제해권 확보를 통한 강한 해양력sea power이 전쟁이 승리는 물론, 국가의 번영을 보장한다고 주장하였다.

지정학자이자 해양전략가로서 조미니의 군사이론에 많은 영향을 받았던 마한[12]은 콜벳과 마찬가지로 해양전략과 육상전략은 근본적인 차이점이 있다고 보았다. 마한은 "육상전략은 통상적으로 전쟁이 완전히 독립적으로 수행되든 상호 협동적으로 수행되든, 언제나 실제적 내지 직접적인 전장으로 생각되는 하나 또는 그 이상의 작전지역들을 포함하는 군사적 연합만을 다루기 때문"에 해양전략과는 다르다고 생각했다. 즉, 육상에서는 해당 지역을 점령하거나 확보해야만 승리를 거둘 수 있는 반면, 해전에서는 어떤 지역을 점령하는 것이 아니라 하더라도, 중요한 거점만 확보한다면 전체 전쟁의 승리를 거둘 수 있는 것이다.

때문에 마한은 해군병력을 지속적으로 집중시키고, 기동성을 극대화시킬 수 있는 전략적 지점들을 확보하는 것이 해군력, 나아가 제해권 확보의 가장 중요한 부분이라고 주장했다. 해군은 지상의 어떤 것과도 비교할 수 없는 신속성과 기동성으로, 요망된 전략적 지점으로 이동할 수 있다는 장점을 지닌다.

10 알프레드 세이어 마한(Alfred Thayer Mahan), 김주식(역), 『해양력이 역사에 미치는 영향 1, 2』(서울: 책세상, 2006).

11 박창희, 『군사전략론』(서울: 프래닛미디어, 2017), p.280.

12 관련 내용은 박주미, "해양전략 이론 형성에 영향을 준 지상전략 이론," 『Strategy 21』제43호(2018), pp.225-247.을 참고할 것.

"이는 해군전략이 전시에는 물론 평시에도 필요하다는 점에서 육군 전략과는 다르다. 실로 평시에도 어떤 나라에서 구매에 의하든 조약에 의하든 전쟁을 통해서는 아마도 획득하기 어려운 훌륭한 기지들을 차지함으로써 결정적인 승리를 쟁취할 수도 있는 것이다. 해군전략은 어떤 해안의 선택된 지점에 거점을 확보하는 모든 기회를 통해 이익을 볼 수도 있고, 그리고 처음에는 단순히 일시적으로 점거했던 거점을 영구적인 것으로 만들 수도 있는 것이다."[13]

그러나 그는 또한 해군의 경우 병참, 보급부대가 매우 한정된 정도에서만 존재하는 점을 잊어서는 안 된다는 것도 강조했다. 아군이 적군에 인접해 있는 전략적 지점들을 획득하거나 또는 육군이나 해군병력으로 그 지점들을 점령하여 적 가까이에 견고한 아군의 전초기지를 설치하고, 그 전초기지에 있는 아군병력을 위태롭게 하지 않을 수 있도록 병참선을 유지하는 것이 매우 중요한 일[14] 인 것이다. 마한은 각 기지에 따라 특수한 통제권을 행사하는 특정 전진기지들은 그 지역을 지나는 적의 상선이나 병참선에 대한 공격과, 이러한 공격 작전 시 보급 등을 용이하게 할 수 있기에 거점 선정에 신중을 기해야 한다고 주장했다.

특히 러일전쟁의 사례를 통해 전진기지의 중요성을 인식하게 된 마한은 "군사작전이 예상되는 어떤 지역에는 적절히 준비된 전진기지가 필

13 알프레드 마한, "해양전략의 기초와 원칙" 전웅(편), 『지정학과 해양세력이론』(서울: 한국해양전략연구소, 1999), pp.160-161.

14 알프레드 마한(1999), pp.165-166.

요하다. 적절히 준비된 전진기지란 첫째 자급자족할 수 있는 군사자원이 있어야 하고, 둘째 자체방어를 할 수 있어야 하고, 셋째 전략적 위치가 되어야 한다"[15] 고 강조했다. 여기서 전략적 거점이란 첫째, 전역the theater of war에 가장 결정적인 영향을 미치는 지점, 둘째는 불행하게도 전쟁이 발생하는 경우 확고하게 점령할 수 있고 중개지점들이나 교통선들과 연계되어 있는 최전방의 위치[16]를 의미한다고 설명했다. 그러나 마한은 해군기지의 무한한 확장은 힘의 원천이 됨과 동시에 잠재적 취약성을 지니기 때문에 바람직하지 않으며, 예상되는 함대작전의 필요불가결한 기술을 위해서만 존재해야 한다고 보았다.

2. 루스의 해상기지 요건과 중요성

스태픈 루스[17] 1827~1917는 해군의 교육, 훈련, 행정 등 작전지원 분야에 관심을 가지고 연구한 전략가로서, 무엇보다 해군 군사교육을 강조하며 견습체계 도입과 해군대학을 설립하여 해군교육훈련체계의 근간을

15 알프레드 세이어 마한(Alfred Thayer Mahan), 이윤희·김득주(역), 『해군전략론』(서울: 동원사, 1974), p.11.

16 알프레드 세이어 마한(1974), pp.169-170.

17 스태픈 루스에 대해서는 Luce, Stephen B., edited by D. Hayes and John B. Hattendorf. The Wrightings of Stepen B. Luce (Newport: Naval War College Press, 1975); 김현기(1998), pp.149-186. 등을 참고할 것.

세웠고, 군인의 정치관여와 기술주의에 반대하면서 해군으로서의 직업적 전문성, 즉 "군인의 본래 업무인 전쟁"에 집중할 것을 강조하여 미국군이 전문 직업으로 자리 잡을 수 있도록 기여한 인물이다.

물론 그는 상대적으로 마한과 콜벳에 비해서는 널리 알려지지 않은 해양전략가이다. 그럼에도 불구하고 본 연구에서 루스의 이론을 살펴보는 이유는 해전이나 해군작전, 기술과 무기체계의 발전, 함정의 유형 등에 보다 많은 관심을 가졌던 대부분의 전략가들과 달리 해군기지의 중요성을 강조하고 구체적 요건을 제시한 해양전략가이기 때문이다.

그가 작전지원의 측면에서 강조한 주요 내용은 다음의 말에 잘 드러나 있다. "1881년 미 해군의 재탄생에서 가장 중요한 3가지 수준의 수용에 대한 필요성이 일어났는데 그것은 첫째, 전쟁근원에서 해군 업무에 관한 행정의 설치, 둘째, 함대의 창설, 셋째, 해군기지의 설치였다.[18] 특히 그는 'The Navy and Its Needs'라는 글을 통해 전략의 목적을 획득하는 수단으로써의 해군기지의 필요성과 세부요건을 자세히 설명하였다. 특히 그는 'The Navy and Its Needs'라는 글을 통해 전략의 목적을 획득하는 수단으로써의 해군기지의 필요성과 세부요건을 자세히 설명하였다.

"해군기지의 여건은 신중히 고려해야 하며, 최선의 전략적 요충지이어야만 한다. 해군기지는 총 60피트의 흘수 함정과 많은 작은 배를 모을 수 있고, 보조선을 포함하여 최소한 25척에서 30척의 전함을 가진

18 Luce(1975), p.147.

함대에 대해 안전한 항구를 허용할 수 있어야 한다. 이들 묘박지는 방어전선 내에 있어야 한다. 해군기지는 최소한 배수톤수 45,000톤을 가진 함정 4척과 각기 38피트의 흘수를 가진 배를 동시에 수용할 수 있는 충분한 도크시설을 가지고 있어야만 한다. 보급의 자원과 통신의 내부전선이 전쟁 시에 완전히 보호될 수 있어야 한다. 해군기지는 얕은 물로 쉽게 접근하고 출입이 가능해야만 하며, 항상 준설하는 재과정이 없어야 하고, 함의 가장 깊은 흘수로써 38피트는 되어야만 한다. 해군기지는 해양기계와 강철 함정 건조분야에서 숙련된 노동력을 제공할 수 있는 공동생활체에 근접해 있어야만 한다. 이들 산업체에 들어가는 자재를 제공하기 위한 인근의 공장들은 충분해야만 한다. 해안 토양의 특성은 미래의 모든 가능한 요구를 충족시킬 수 있는 충분한 수의 계선지와 상가도크가 적절한 비용으로 건설되어야 하고, 모든 구조에 대한 충분한 시설도 수리창과 해군공창의 결합에 대해서 고려되어야 한다. 해군기지는 건강에 좋은 기후를 가지고 있어야 한다. 해군기지는 봉쇄하기가 어려워야만 한다."[19]

그는 해군기지는 교전의 결과와 상관없이 보급과 수리 때문에 필수적이라고 주장했다. 전투에서 실패한다 해도 전체 함대나 남아있는 함선들은 기지에서 피난처를 구해야 하고, 피해를 입은 배들은 수리되어야 하며, 다음 전투를 위한 함정을 준비시킬 수 있는, 전선의 예비를 조직

19 Luce(1975), p.499. 김현기(1998), p.172.에서 재인용.

하는 임무를 수행하기 때문이다.

3. 콜벳의 해전이론과 해전의 수행

마지막으로 줄리안 콜벳은 해군 경력이 전혀 없으나 해군에 지대한 영향을 미친 영국의 해양전략가로, 당시 해군참모차장인 피셔 대장Sir John Fisher의 지원 아래 해군기록협회Navy Records Society의 창립회원이자 해군역사가로서 해양전략을 구상, 영국 해군개혁에 공헌한 인물이다. 비록 콜벳은 해상거점이나 진지에 대해서 직접적으로 언급하지는 않았으나, 그의 이론들을 보면 그가 생각한 이상적인 요건들에 대해서 충분히 추론해볼 수 있다.

무엇보다 콜벳의 해전이론의 핵심은 목적, 수단, 방법이 지상전의 그것과 다르다는 것이다. 해전의 목적은 제해권 확보이고, 해전의 수단은 함대의 구성이 되며, 해전의 방법은 세력의 집중과 분산이 된다. 이는 '해양'에서의 전투라는 '해전'의 독특한 특성에 기인하기 때문이다. 그렇다면 해전은 어떠한 특성을 지니는가?

콜벳은 해전의 특성을 지상전과 비교하여 다음 세 가지로 정리하였다. 첫째, 지상전은 가용한 모든 수단을 동원하여 힘과 노력을 한 지점에 최대한 집결시켜 적의 주력을 타도하는 개념이다. 그러나 해전은 이러한 적 함대 격멸이라는 절대전쟁의 형태가 아니더라도 적의 해양통상을 위협하거나 이를 보호하기 위한 적 함대를 격파하는 등의 방어적이고 제한적인 태세만으로도 승리를 얻을 수 있다. 둘째, 해양에서는 적의 이동을 추적하고 결정하는 것이 매우 어렵기 때문에 적이 결전을 회피할 가능성이 상당히 높다. 셋째, 지상전에서는 같은 적국 영토라 하더라도 전략적 가치가 다르게 평가될 수 있지만, 해양에서는 '해양통상 Mariitme Commerce의 보호', 즉 전쟁 보급의 통로라는 개념이 적용되기 때문에 어느 곳에서나 중요성을 지닐 수 있다.[20]

또한 콜벳은 세력의 집중과 분산에 대해 설명하면서, 해전에서의 집중Concentration과 분산은 지상전에서의 집결Mass과 다르다고 강조했는데, 해전에서 집중은 지휘관의 의도와 상황에 따라 여러 개의 기동 조직으로 분산되었던 해상세력이 신속하고 다양한 형태로 결합하여 힘을 응집하는 융통성 있는 개념이기 때문이었다. 해전에서 분산과 집중은 항상 방어적 의미만을 지니는 것이 아니라, 신속하게 기회를 포착하여 대응할 수 있다는 점에서 전략적 의미를 지니게 된다.[21]

이런 관점에서 그는 해전의 목적인 해상통제권을 확보하는 방법을 다음 세 가지로 제시하였다. 먼저 가장 확실하고 영구적인 방법은 해상전투를 통해 적 함대를 격멸시켜 실질적 해상능력을 없애버리는 것이다.

20 Corbett, Julian. Some Principles of Maritime Strategy(London: Perfect Library, 2015), pp.63-103. 해전의 특징에 대해서는 Speller, Ian. "Naval Warfare", in David Jordan and James D. Kiras (eds.). Understanding Modern Warfare (UK: Cambridge University Press, 2017); Reeve, John. Stevens, David. The Face of Naval Battle(National Library of Australia, 2003) 등을 참고할 것.

21 Corbett(2015), pp.75-103.

하지만 이는 현실적으로 매우 어려운 일이기 때문에, 국지적이거나 일시적인 해상통제 방법들을 생각하게 된다. 즉 적 항구 밖에서, 적 전투함은 물론 상선들이 마음대로 바다를 이동하지 못하게 봉쇄하거나, 적 항구를 면밀히 감시하여 적의 정보를 손쉽게 획득하는 것이다. 혹은 두 번째 방법으로 결정적 시점에 부대들이 적시에 집중할 수 있도록 부대를 배치해 두는 것이다.[22]

즉, 그는 적을 격멸할 수 있는 위치, 혹은 적이 그들의 의도를 달성하기 위한 핵심적이고 필수적인 해상교통로를 선점하여 통제할 수 있는 지점을 최적의 해상거점으로 여겼던 것이다.

4. 해양전략 관점에서의 해상기지 조건

마한과 루스, 콜벳의 해양전략 이론들을 종합하면 해상진지와 관련한 다음의 유의미한 결론을 얻을 수 있다. 첫째, 해전은 지상전과 다른 특징을 지니기 때문에, 해상진지는 육상의 그것과 다른 요건을 가진다. 둘째, 해전의 승리는 전략적 거점 혹은 적절한 해상진지 확보를 통해 가능하다. 셋째, 해상진지는 일정한 요건을 갖추어야 한다는 것이다.

특히 해상진지 요건과 관련하여 세 명의 이론가들은 비록 다른 용어

22 Corbett(2015), pp.232-233.

를 사용하고 있지만, 그 개념에 있어서는 다음과 같은 유형으로 구분하여 이해할 수 있다. 먼저 마한은 절절히 준비된 전진기지에 대해 자급자족할 수 있는 군사자원, 자체방어, 그리고 전략적 위치라고 언급하였다. 여기서 전략적 위치는 전역에 결정적 영향을 미치는, 교통이 편리한 최전방의 위치였다.

스태픈 루스의 경우에는 최선의 전략적 요충지, 보급과 수리 보장, 안전한 항구, 방어전선 내 위치, 함정 수용가능, 쉽게 접근하고 출입 가능, 숙련된 노동력 제공, 자재확보 가능, 적합한 토양과 기후, 수리와 시설 고려, 봉쇄당하지 않는 곳 등을 해상진지의 요건으로 보았다.

콜벳의 경우에는 직접적으로 해상진지에 대해 언급하지 않았으나, 앞서의 내용들을 통해 해상진지는 상황에 따라서는 결전을 회피할 수 있고, 집중과 분산에 유리한 곳에 위치하여 신속하게 기회를 포착하여 대응할 수 있는 지점에 있어야 함을 추론해 볼 수 있었다.

〈표 1〉 마한과 콜벳, 루스가 제시한 해상진지 요건

	마한	루스	콜벳
자급자족	자급자족 가능한 군사 자원 여부	• 보급과 수리 보장 • 함정 수용가능 • 숙련된 노동력 • 자재확보 가능 여부 • 적합한 토양과 기후 • 수리와 시설	-
방어	자체 방어	• 안전한 항구 • 방어 전선 내 위치	결전회피 가능 지점
전략적 위치	전략적 위치 - 전역에 결정적 영향 - 교통이 편리한 최전방	• 접근 및 출입의 용이성 • 봉쇄의 제한	집중과 분산에 유리 기회(정보)포착 가능

III. 시대적 배경과 해상진지 고하도

1. 임진왜란과 정유재란

임진년1592년 4월부터 무술년1598년 11월까지 왜군에 의해 조선의 강토가 유린되었던 7년간을 우리는 임진왜란이라 부른다. 100여 년의 센고쿠 시대를 끝내고 일본 전역을 통일한 도요토미 히데요시는 '가도입명假道入明', 즉 '명나라를 칠 테니 조선의 길을 빌려달라'는 명목으로 조선을 침략했다. 전쟁 준비가 되어 있지 않았던 조선은 육상에서 연전연패를 거듭하여, 일본은 전쟁 발발 후 20여 일 만인 1592년 5월 3일 수도 한양을 무혈점령하고, 6월 중순에는 평양까지 함락한다. 조선의 국왕 선조는 평양을 거쳐 의주까지 도망을 가야 했고, 또다시 거기서 명나라로 곧 망명하겠다는 뜻을 밝혔을 정도로 사태는 심각했고 급박했다.

그러나 7월 중순, 명의 선발대가 일부 입국하고, 이순신이 이끄는 수군의 전승, 전국 각지에서 일어난 의병들의 활약 등으로 전쟁의 양상이 달라지기 시작했고, 1년 남짓의 초기 전쟁 이후 세 나라는 더 이상 전쟁을 계속할 수 없을 정도로 심각한 상황이라는 인식하에 4년간의 지리한 강화 교섭에 들어간다.

그러나 1596년 협상이 결렬되면서 조선은 다시 일본의 재침을 맞게 되었고, 이것이 정유재란의 시작이다.[23] 1597년 1월부터 1598년 11월까지 2년간 이어진 정유재란은 그리 길지 않은 기간이었음에도 그 피해 면에서는 임진왜란 때보다 훨씬 컸다. 그 이유는 한·중·일 3국이 전쟁의 대상이라는 점에서는 외견상 같은 전쟁이었지만, 일본의 전쟁 목적이 '가도입명'에서 '조선 점령'으로 바뀌면서 전쟁의 성격과 양상이 전혀 달라졌기 때문이었다.[24] 해전의 패배, 전국 각지의 의병 등 임진왜란 초기의 뼈저린 실패를 토대로 도요토미는 전라도 지방의 침입과 조선 수군 격파를 우선의 목표로 삼는다. 그는 2차 침략을 시작하며 조선의 남부 4개 도, 특히 호남을 우선 탈취하라는 명령을 내렸고, 심지어 조선 남부 지역에 사는 조선인의 씨를 말려버리고 대신 일본인을 이주시켜 살게 하겠다는 공개적 선언도 하였다.[25] 그리고 이는 곧 칠천량해전에서 원균이 이끄는 조선 수군의 전멸로 현실화되었다. 일본군은 드디어 전라도를 점령했고 다시 경기 지역까지 진출할 수 있었다.

그러나 이순신이 복귀한 조선 수군은 명량해전과 노량해전에서 다시 결정적인 승리를 이뤄냈고, 이 두 차례의 해전을 통해 조선수군은 일본의 침략의도를 다시 한 번 좌절시키는 데 성공한다.

23 정유재란 초기 조선은 전력상 우위를 차지하고 있었던 수군을 중심으로 일본의 재침을 억제하고자 하였다. 이에 따라 조선 수군은 일본의 해로선을 차단하여 병력과 보급로를 차단하는 것이 궁극적 전략목표였다. 그러나 정유재란 초기 일본 역시 잃었던 해상통제권을 되찾기 위해 역습, 능동적인 해상공격 등 공세적 대응으로 변화하였고, 임진왜란은 새로운 국면으로 진입하게 되었다. 이에 대해서는 신효승, "정유재란 초기 조선 수군의 작전 수립과정과 활동", 「역사와 경계」 88호(2013), pp.117-150.을 참고할 것.

24 안영배, 『잊혀진 전쟁, 정유재란』(서울: 동아일보사, 2018), pp.3-4.

25 안영배(2018), p.4.

2. 고하도 주둔 결정 시기의 상황

요시니의 간계로 백의종군 중이었던 이순신이 삼도수군통제사로 재임명된 것은 이제 싸울 전함이 12척밖에 남지 않았던 때였다. 칠천량해전 이후 수군의 전멸로 더 이상 임무를 수행하지 못할 것으로 판단한 조정에서는 수군을 폐지하고 육전에 종군하라는 지시를 내리지만 충무공은 "신에게는 아직 12척의 전함이 남아 있습니다"라는 비장한 장계로 수군 재건의 의지를 다진다.

1597년 9월 16일. 구루시마 미치후사 등이 이끄는 10배가 넘는 133척의 왜선에 맞서 홀로 분전한 충무공은 초요기를 세우고, 뒤늦게 달려온 예하 세력들과 함께 전선 31척을 격파한다. 13:133이라는 열세 속에서도 울돌목이라는 지형지물을 이용하여 명량해전이라는 기적 같은 승리를 만들어낸 것이다.

그러나 이순신은 명량해전 승리에도 불구하고, 모든 전선을 거느리고 바로 그날로 우수영에서 약 19마일 떨어진 당사도무안군 암태면로 옮겨 밤을 지낸다. 우수영은 왜군이 근접하고 있었고, 그때까지 수집된 첩보에 의하면 왜군들이 남해 등지를 장악하고 있어 약한 병력으로써는 더 이상 진출할 수 없었기 때문이다.

당시 육상에서 북진하던 카토오 등이 거느린 왜군들은 9월 6일 직산 북방의 소사평에서 명나라 대군에 의해서 대패하여 그들의 북진이 좌절되었으며, 9월 16일 명량해전의 참패에 더해 해상과 육상에서의 진출을 단념하고, 10월부터 남해안으로 집결하고 있었다. 수만의 왜군들은 울산으로부터 순천에 이르는 남해안 8백리에 걸쳐 성을 쌓고 각 지역마다 주둔하고 있었다. 이순신은 피난민들과 육·해상 척후병 등을 통해 이러한 왜군의 동향을 파악하고 있었으며, 왜군의 정황을 고려하여 앞으로의 계획을 수립하고자 하였다.

또한 그가 지닌 문제는 한두 가지가 아니었으니, 충무공은 서해안을 따라 고군산도古群山島까지 북상하여9월 21일 열하루를 머물고, 남하하여 법성포法聖浦에서 닷새를 머물고10월 3일~7일, 다시 떠나 우수영을 거쳐10월 9일~10일, 안편도安便島에서 보름 남짓 머문 후10월 11일~28일, 또다시 이동하여 목포의 보화도고하도에 진을 치고 겨울을 나게 되었다10월 29일.[26]

> "싸움이 끝난 뒤에 전선은 그대로 남아 있었으나, 군사들 중에는 사상자들도 있었고, 또 모든 군사들이 극도로 피로하여 전투를 계속할 수 없을 정도에 이르고 있었기 때문에 왜군의 재침을 고려한 나머지 일단 북쪽으로 이동한 것이었다. 또한 그는 명량에서 왜군의 대선단을 전부 격파하지 못하였던 까닭에, 우선 군사들을 위로하고 한편으로는 군사를 모으면서 조심스럽게 정찰 활동을 전개하여 왜군들의 동향을 명확히 파악한 후에 새로운 계획을 세우기로 하였다. … 중략 … 시급한 문제만을 보더라도 전쟁 무기가 너무나 미약했고, 군량마저 밑바닥을 드러내고 있었다. 더구나 늦은 가을철의 해상은 매우 추

26 이순신, 박혜일·최희동·배영덕·김명섭(역), 『이순신의 일기, 난중일기』(서울: 시와 진실, 2016), pp227-228.

웠는데, 군사들이 입고 있는 엷은 옷을 대치할 방도가 없었다. 이러한 그의 고민을 조정에서 알았다 하더라도 조정으로서도 별다른 지원을 할 수 없는 실정이었고, 전라도 등지마저 왜군의 침범으로 인하여 대부분의 관청이 빈집만 남기고 있을 따름이었다."[27]

〈그림 1〉 명량해전 이후 조선수군 이동로[28]

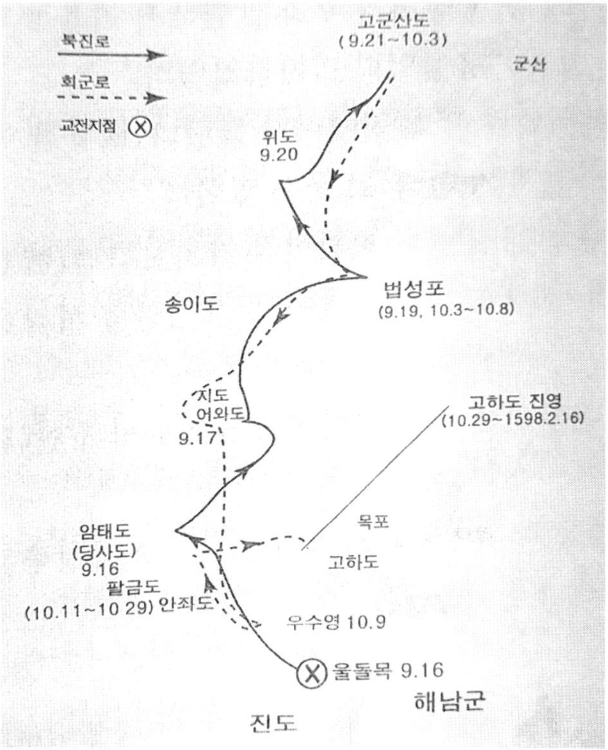

27 조성도, 『이순신의 생애와 사상』(서울: 명문당, 2014), pp.435-436.

28 최영섭(2007), p.354.

충무공이 〈그림 1〉과 같이 여러 차례 이동해야 했던 이유는 난중일기에 묘사된 상황처럼 무엇보다 급격히 추워진 음력 시월 하순의 날씨에 견딜 수 있는 적절한 수영修營의 터를 찾기 위해서였다. 실제로 고군산도에 도착한 첫날부터 광풍이 불었고, 다음날에도 날씨는 맑았지만 북풍이 크게 부는 추운 날씨가 지속되었다.[29]

심지어 9월 27일 명량해전 승첩 장계를 가지고 서울로 출발했던 송한 등이 역풍 때문에 다음날 되돌아오기도 했다.[30]

동력이 없었던 시절임을 고려해 볼 때 되돌아오는 경우가 더러 있기는 했으나, 특히 겨울에는 바람과 추위 때문에 해상활동은커녕 바다로 나가는 것 자체가 어려웠다.

일본 수군 역시 명량해전 이후 월동을 위해 영남 남해안의 근거지로 회군했다. 이순신은 이 기간을 활용해 재출동에 대비한 전선과 군기의 정비 및 군량미 확보 등 긴급한 사항[31] 등을 처리하고자 했다.

결국 고하도 주둔 결정 시기의 상황을 고려해 보면, 당시 충무공 이순신은 왜군의 상황을 파악할 수 있고, 그들의 재침을 안전하게 방어할 수 있으며, 동시에 겨울을 나면서 조선수군의 재건을 할 수 있는 장소가

29 이순신, 노승석(역), 『개정판 교감완역 난중일기』(서울: 여해, 2018), pp.482-483.

30 ibid., p.483.

31 이민웅은 함대 이동에 대해 첫째, 서남해 해안 일대의 일본군 침략 상황을 살피는 동시에 조선 수군의 존재를 대내외에 시위하기 위한 것이었고, 둘째로 도서 지역에 있던 피란선들과 그 인원들을 규합시켜 조선 수군이 재건할 수 있도록 발판을 마련하기 위함이었으며, 셋째 서해의 해로 사정을 파악하면서 한편으로 겨울을 나기에 적합한 지역을 찾는 것이었다고 분석하고 있다. 이민웅, 『임진왜란 해전사』(서울: 청어람미디어, 2014), p.236.

필요했을 것이라 추론해 볼 수 있다.

3. 해상진지 고하도에서의 활동[32]

정유년 9월 16일. 충무공 이순신은 칠천량해전의 전몰을 극복하고 기적 같은 명량해전 승리를 거두었다. 그러나 그의 함대는 여전히 기항지가 없었기 때문에 군수품 보급, 전선정비, 군량미 조달까지 자체적으로 해결해야 하는 떠돌이 상태였다. 때문에 당사도에서 하룻밤을 지낸 충무공은 서해안을 따라 군산도까지 북상하였다가, 법성포, 우수영을 거쳐, 안편도安便島 등지까지 남하하며 새로운 수군 기지를 찾아다니다가 드디어 10월 29일 목포의 보화도고하도에 진을 친다.

고하도의 임시 통제영은 섬의 남동쪽 끝부분에 있던 포구로 뒤편에 북서풍을 막을 수 있는 산이 있고 전선을 정박하기에도 적합했다. 또한 영산강을 통해 나주평야의 곡물 등 군수물자를 운반하기에 편리한 길목에 위치한 이점도 있었다.[33]

32 제장명(2011), 이민웅(2017), 이봉수(2018), 최영섭(2007) 등 고하도 주둔 시기 조선수군 재건 경과와 성과는 현존 자료부족으로 대부분 난중일기에만 의존하여 연구되고 있다. 본 연구에서 언급되는 성과들 역시 난중일기에 근거하여 작성되었다.

33 이민웅, 『이순신 평전』(서울: 성안당, 2017), p.361.

10월 29일 병술. 맑음.

새벽 2시경에 첫 나발을 불어 발선하여 목포로 향했다. 비와 우박이 섞여 내리고 동풍이 약하게 불었다. 목포에 이르러 보화도보화도, 전남 목포시 고하동 고하도에 배를 옮겨 대니, 서북풍을 막음 직하고, 배를 감추기에 아주 적합하였다. 그래서 육지로 내려 섬 안을 둘러본즉, 지형이 좋은 곳이 많아 이곳에 머물러 진을 치기 위해 집 지을 계획을 세웠다.[34]

정유년 10월 29일부터 이듬해인 무술년1598년 2월 16일까지 약 3개월 반 동안 임시 통제영이 되었던 고하도. 이 기간 동안 어떤 일들이 있었을까? 고하도 주둔 시기 충무공과 조선 수군의 활동을 통해 이곳을 해상진지로 삼게 된 이유와 그 이면의 전략은 무엇이었는지 확인해보자.

가. 병사 및 창고건축

고하도로 진영을 정한 이후 가장 먼저 시작한 것은 가옥과 군량 창고 등을 짓는 일이었다. 10월 30일, 섬 안의 재목을 베는 것을 시작으로 11월 6일 지붕을 이었고, 군량창고도 같이 지었다. 8일에는 사방 벽에 흙을 발랐고 마루도 만들었다. 이순신은 11월 15일 새집으로 이주하였지만, 그 후에도 창고와 가옥을 짓는 등 공사를 지속하였다.

34 이순신(2016), p.227.

〈그림 3〉 삼도수군통제영 고하도 수군사령부 유적지[35]

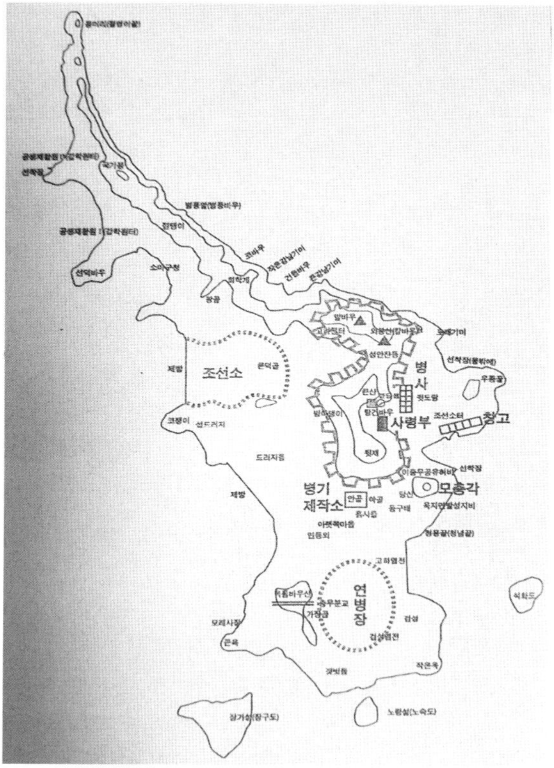

이처럼 건축을 서둘러 진행한 것은 임시로 머물 곳이기도 했지만, 무엇보다 겨울 추위 때문에 군사들이 전선에서 지낼 수 없었기 때문이었다.[36] 고하도에 도착한 지 사흘째 되던 11월 초하루의 일기에는 날씨가 너무 추워서 곁꾼들이 추위에 고통스러워했고, 이순신도 배의 방에 앉

35 최영섭(2007), p.399.

36 이민웅(2014), p.238.

아 있자니 심사가 극히 안 좋아서 하루를 지내는 것이 1년을 지내는 것처럼 느껴질 정도로 비통해하는 모습을 볼 수 있다.[37]

나. 식량확보

그가 고하도에 이르렀을 때는 1천여 명의 군사들이 따르고 있었는데[38], 급격히 추워진 날씨 때문에 이들 군사들이 필요로 하는 의복과 군량 등을 장기적이고 안정적으로 마련하는 것이 가장 시급한 문제였다. 이순신은 모여든 피난민을 통해 의복과 양식을 임시 해결할 수 있었으나, 이는 임시방편이요, 장기적인 방법이 필요했다. 때문에 충무공은 여러 가지 대책을 시행하였는데 그 중 대표적인 것은 '해로통행첩'이었다. 이는 일종의 선박 운항증과 같은 것으로, "3도 연안을 항해하는 배는 공·사 선박을 막론하고 이 통행첩이 없으면 간첩으로 처벌한다"고 공시하였다. 이에 따라 선박의 대소에 따라 대선은 3석, 중선은 2석, 소선은 1석으로 규정하여 10일이 못 되어 1만여 석을 모을 수 있었다. 이 해로통행첩은 사실상 군량 문제를 해결할 수 있었을 뿐만 아니라 연해안을 돌아다니는 간첩선 또는 왜군의 척후선 등을 색출하는데 있어서도 매우 좋은 방법이었다.[39]

두 번째로 식량을 확보한 방법은 일본군을 피하느라 백성들이 미처

37 이민웅(2017), p.363.

38 조성도(2014), p.445.

39 조성도(2014), pp.446-447.

추수하지 못했던 곳들, 즉 영암과 나주 등지의 전라도 해안 지역으로 군사를 보내 그 수확물을 거둬들인 것이었다. 또한 휘하의 지방관과 장수들에게도 명령하여 각지에서 가능한 많은 군량을 확보하고 그 결과를 보고할 수 있도록 감독하기도 하였다.[40] 특히 일본군이 머물다 떠난 해남에서는 그들이 남긴 군량 300여 섬을 접수하기도 했다.

세 번째 방법은 의곡을 모집하거나, 휘하의 장관들을 통해 모곡하는 것이었다. 전자는 각처의 사족들이 자원하여 의곡을 바치는 경우가 이에 해당한다. 정유재란 시기 일본의 약탈과 살육은 조선 일반 백성의 민족의식을 자극했고, 이로 인해 수군에 자원입대하거나 유력자들이 군량을 바치는 경우가 많았다. 예를 들어 11월 7일에는 전 홍산현감 윤영현과 생원 최집 등이 와서 군량에 쓸 벼 40섬과 쌀 8섬을 바쳤고, 같은 달 28일에도 무안의 진사 김덕수가 군량에 쓸 벼 15섬을 바쳤다. 후자는 휘하의 장관들을 각처로 파견하여 군량을 확보하도록 지시한 경우인데, 영암군수 이종성은 11월 5일에 집 짓는 곳에서 밥을 30말이나 지어 일꾼들을 먹이고 군량 200섬과 중조 700섬을 마련했다고 보고한 바 있다.[41]

또한 한산도 진영 시절과 동일하게 소금을 구워 팔아 그 돈으로 군량을 마련하였던 것으로 추정되는데, 이것은 고하도로 옮기기 며칠 전인 10월 20일 김종려를 감독관으로 삼아 소음도 등 13개 섬의 소금을 관리하도록 했다는 기록을 통해 알 수 있다.[42] 이 밖에도 고금도로 이전한

40 이민웅(2014), p.239.

41 이민웅(2017), pp.361-362.

42 이순신(2018), p.489.

이후 본격적으로 둔전경영을 실시하였고, 이러한 방안들의 효과로 무술년1598년 하반기 본격적으로 명나라 수군과 연합한 이후에도 군량부족으로 어려움을 겪지 않을 수 있었다.

다. 병력확보

충무공은 육지에서 병력을 지속적으로 확보할 수 있는 안전장치도 마련했다. 그해 12월 25일 이순신은 순찰사 황신과 논의해 연해안의 19개 고을邑을 오로지 수군 전속으로 배속시켰다. 그간 조선 육군은 만성적인 병력난으로 수군 전속의 고을 인력까지 차출해가곤 했는데 이런 사태를 아예 차단함으로써, 수군 병력 징발과 전선 건조 인력을 확보할 수 있었던 것이다.[43]

이 기간 중 병력 확보 역시 큰 소득이 있있는데, 징비록에는 고금도에 주둔했을 당시에 이미 군사가 8천 명이라 군량 부족을 걱정해야 할 정도[44] 라는 기록이 남아있다. 이 숫자는 1598년 4월 초 선조가 마귀 제

43 『임진장초』에는 충무공이 이러한 병력확보의 어려움을 전쟁 초기부터 정유재란 이전까지 조정에 호소하는 문서가 여러 차례 등장하는데(1593년 5월 10일 충청도 수군이 계속 후원오도록 청하는 장계, 1593년 9월 해전과 육전에 관한 일을 자세히 아뢰는 계본, 1593년 11월 17일 연해안의 군병·군량·병기를 수군에 전속시켜 주기를 청하는 계본, 1593년 11월 21일 수군에 소속된 고을에는 육군을 배정하지 말도록 청하는 계본 등 19회 이상), 이는 임진왜란 기간 전체에 걸쳐 병력 부족난이 심각했고, 특히 수군 병력을 충원함에 있어 더욱 어려움이 있었음을 짐작게 하는 부분이다. 조성도, 『임진장초』(서울: 연경문화사, 2015), 안영배, 『잊혀진 전쟁 정유재란』(서울: 동아일보사, 2017), p.209.

44 서애 유성룡, 이재호(역), 『국역정본 징비록』(서울: 역사의 아침, 2017), p.312.

독과의 대화 중 이순신의 수군 병력에 대해 언급하며 고작 2천여 명밖에 되지 않는다[45] 고 한 것에 비교할 때 큰 차이가 있는 것이다.[46] 하지만 이는 고금도로 이전한 이후 인구를 수용하여 거주시킬 수 있는 여건이 조성된 상황에서 추가로 유입된 백성과 병력의 수라고 추정해 볼 수 있다. 때문에 유성룡이 언급한 시점은 고하도에서 고금도로 이전하고 몇 달이 지난 때라고 생각되며[47] 이로써 병력을 충원할 수 있는 상황이 이전보다 훨씬 더 나아졌다는 사실을 보여준다고도 할 수 있다.

병력과 관련하여, 이순신이 가는 곳마다 피란민들이 모여들었다는 사실[48] 역시 중요하다. 고하도의 경우 섬의 면적이 그리 크지 않았으나, 고금도로 통제영을 옮긴 이후부터는 피난민들이 더욱 모여들어 유성룡이 인구 8천 명이라고 언급할 정도의, 역사상 전무후무한 인구 증가를 보였다. 이순신의 조카 이분의 〈행록〉을 살펴보면 당시의 모습을 짐작할 수 있다.

> "지세가 기이하고 또 그 곁에 농장이 있어 편리하므로 공은 백성들을 모아 농사를 짓게 하고 거기서 군량을 공급받았다. 그리하여 군대의 위세가 이미 강성해져서 남도의 백성들 가운데 공을 의지해 사는

45 『선조실록』 권99, 선조 31년 4월 정사.

46 이민웅은 조선 수군이 2천여 명이었다는 선조의 언급에 대해, 명량해전 직후 초창기 보고되었던 수치였거나, 또는 선조가 우리 수군 세력을 일부러 줄여서 답했을 가능성도 있다고 보았다. 이민웅(2014), p.243.

47 이민웅(2017), p.374.

48 서애유성룡(2017), pp.310-312.

자들이 수만 호에 이르렀고 군대의 장엄함도 한산진때보다 열 배나 더했다."[49]

그리고 이러한 고하도·고금도의 인구 증가는 자연스럽게 수군 병력의 증가로 이어졌을 것으로 추정할 수 있다.

라. 전선 건조

전선 건조는 어떠했을까? 명량해전 당시 조선의 전선은 13척밖에 남지 않았고, 고하도에서는 풍랑으로 전선 한 척을 잃기까지 했었다. 하지만 고하도 시절부터 조선 수군은 목재를 확보하여 전선을 건조하기 시작했다.[50] 그 결과 고금도 이동할 무렵인 무술년 2월 하순, 당시 선박보유현황보고에 따르면 호남의 수군이 이 시기에 이미 전선 40여 척을 만들었다고 언급하면서, 당시 호남의 민력이 소진되어 더 이상 전선 건조를 독촉할 수 없다고 보고하고 있다.[51]

비록 노량해전 관련 전선의 척수에 관한 기록은 없으나, 대략 80여

49 이민웅(2017), p.374.

50 최영섭은 고하도, 진도, 해남, 안면도 및 변산조선소 5곳에서 선박 건조가 이루어졌다고 보았으며, 고하도의 경우 1975년 조선대학교 대학원 최덕원의 석사논문을 인용, 당시 조선소 위치를 추정하였다. 최영섭(2007), pp.366-377.

51 『조선실록』 권99, 선조 31년 2월 22일자 정사.

척이 참전했던 것으로 추정되는데[52], 명량해전 당시 13척이었던 전선이 고하도에 머물렀던 불과 3개월 만에 40여 척으로, 또 1년 만에 이렇게 전력을 갖출 수 있었다는 것은 놀라운 사실이다.

마. 정보수집 활동

충무공은 고하도 기간 중 임준영 등을 비롯한 휘하 군관들과 피난민, 척후선 등을 통한 정보수집을 통해 일본군의 상황을 지속 파악하였다. 난중일기에는 임준영을 통해 11월 10일과 20일 각각 장흥과 완도에서 일본군이 퇴각한 사실을 확인했다는 기록이 나온다.[53]

또한 이순신은 휘하 장수들을 통해 각 지역에서 왜군에 부역한 자 중 백성이나 특히 사족에게 해를 입힌 죄질이 나쁜 자들을 색출하여 처단하며 그동안 흩어진 민심을 수습하는 한편, 국가의 통치권을 확립하였다.[54] 이는 내부와 외부 모두의 동향파악을 통해 나와 적의 상황을 냉철히 분석하고 있었다는 것을 보여준다.

52 이민웅은 노량해전 1여년 후 선조 33년(1600년) 1월에 좌의정 겸 사도체찰사 이항복이 남부 지방으로 떠나기 전에 어전에서 나눈 대화 중에 당시 전선의 척수가 삼도를 합해 80여 척이라는 내용을 근거로 노량해전 상실 및 이후 건조 등을 고려 80여 척이었을 것으로 추정했다. 이민웅(2014), p.245.

53 이민웅(2014), p.240.

54 이민웅(2014), p.240.

4. 고금도로의 이진[55]

충무공은 무술년1598년 2월 17일 통제영을 현재의 완도 우측에 위치한, 강진 앞바다에 있는 고금도로 옮기게 된다. 고하도는 약간 서해 쪽으로 올라온 지점에 위치해 있기 때문에 남해상에서의 왕성하고 적극적인 해상 활동에는 적절치 못하였고, 또 섬이 좁아 곡물의 자체 생산량이 적을뿐더러 모여드는 백성들을 수용할 수 있는 공간도 부족했기 때문이었다.[56]

전라 좌우도의 중간 요충지에 위치한 고금도는 면적이 약 44.3㎞로 우리나라에서 열일곱 번째로 큰 섬으로서, 예로부터 농경지가 발달되어 있었다. 섬의 서쪽에는 246m의 지남산과, 북쪽에는 215m의 봉황산, 그리고 남쪽에는 70m의 망덕산이 있어 사면으로 적을 정찰하기에 아주 적당한 곳이다. 그중에서도 수군 진영이 설치된 덕동 및 묘동 일대는 그 형세가 기묘하여 공격하고 수비하는데 있어서 모두 편리한 반면, 외부에서는 좀처럼 공격할 수 없도록 되어 있는 지형이었다.[57]

55 본 연구는 고하도 해상기지에 관한 연구이다. 그럼에도 불구하고 고금도 해상기지를 본 연구에서 언급하는 이유는 고하도를 떠나게 된 이유, 즉 고금도로 이진하게 된 원인을 통해서 역으로 고하도가 왜 그 당시 해상기지가 되었는지를 더욱 확실히 확인할 수 있기 때문이다. 고하도를 해상기지로 선택 을 당시의 상황, 그리고 고하도의 지리적 특성 등은 그 이후의 변화된 대내외적 상황과 새로운 해상기지를 통해 더욱 선명해진다.

56 이민웅(2014), p.240.

57 조성도(2014), pp.450-451.

또한 고시니 유키나가가 주둔하고 있던 순천의 예교성과 100여리 정도 떨어져 있었기 때문에, 이들을 견제하면서 해상 작전을 전개하기도 유리한 위치에 있었다.[58] 이는 그동안 방어에만 주력할 수밖에 없었던 조선수군의 상황에서 고하도에서 이뤄낸 성과들로 인해 이제는 지난날과 같이 공격할 수 있는 준비가 어느 정도 갖추어진 상황으로 바뀌었음을 의미한다. 또한 동시에, 봄이 오면서 활동이 증가될 것으로 예상되는 왜군을 사전에 차단하기 위한 전략적 군사 이동을 실시한 것이다.

> "고시니 유키나가는 예교에 주둔하고 있으며 2월 13일에는 다이라노 히데이에가 군사를 거느리고 와서 같이 주둔하고 있습니다. 우리 수군은 멀리 나주 경내의 보화도에 있으므로 낙안과 흥양 등의 바다에 출입하는 왜적이 마음 놓고 마구 돌아다녀 통분합니다. 그리고 바람이 잔잔하니 이는 일본군이 소란을 일으킬 때이므로 2월 16일에 장수들을 거느리고 보화도 이수 바다로 나가 17일에 강진 경내의 고금도로 진을 옮겼습니다. 고금도 역시 호남 좌우도의 내외양을 제어할 수 있는 요충지로 산봉우리가 중첩되어 있고 후망이 잇대어져 있어 형세가 한산도보다 배나 좋습니다. 남쪽에는 지도智島가 있고 동쪽에는 조약도가 있으며, 농장도 역시 많고 한잡인도 거의 1천 5백여 호나 되기에 그들로 하여금 농사를 짓게 하였습니다. 흥양과 광양은 계사년1593부터 둔전을 하였던 곳으로 군민을 초집하여 경작할 생각을 하

58 이민웅(2017), p.372.

고 있습니다."[59]

이상과 같이 비변사에 계하하였다.

〈그림 4〉 고하도와 고금도의 위치 및 순천시와의 해상거리 비교[60]

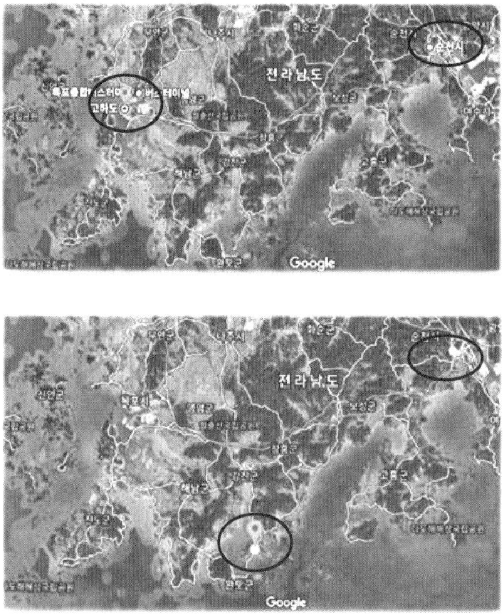

59 『선조실록』 권98, 선조 31년 3월 계묘.

60 「Google 지도: 고금도, 고하도」(검색일: 2018.12.10.)

Ⅳ. 해상진지 고하도의 해양전략적 의의[61]

현재 목포시 유달동에 속해 있는 고하도高下島는[62] 고하도孤霞島, 고화도高和島, 보화도寶花島, 비하도悲霞島 등 여러 이름으로 불리었던, 목포시 남쪽 1.2km 거리에 위치한 면적 2,997㎢, 해안 길이 15.2㎞의 섬이다.[63] 산의 형상이 솟거나 낮아지기를 반복하다가 용머리 부분이 굵게 변해 풍수지리설의 용뱀의 형상을 닮았다고 해서 목포사람들은 흔히 '용섬'으로 부르는 곳이다.[64] 현재는 목포 북항과 연결된 목포대교2012년 6월 29일 개통를 통해 육로로도 접근 가능하다.

고하도 북쪽 끝은 '용머리'라고 부르는데, 목포항을 출입하는 모든 선박은 이곳을 돌아들어 오고 돌아서 나가야 하고, 용머리의 동쪽 해안 단면은 기암괴석으로 이루어진 절벽으로 '병풍바위'라고 한다. 섬 남쪽

61 제장명은 이순신의 백의종군 이후 조선수군의 재건 노력을 고하도와 고금도 주둔 시기로 나누어 군수물자의 확보, 정예병력의 확보, 전선의 건조, 고금도의 입지조건 등을 분석하였다. 세부 내용은 제장명, 『이순신 백의종군』(서울: 행복한 나무, 2011), pp.178-220.을 참고할 것.

62 고하도가 문헌자료에 처음으로 기록된 것은 1481년 『동국여지승람』이고, 『선조실록』과 『난중일기』에는 '보화도(寶花島)'로, 고하도 모충각에 있는 이충무공 유허비 비문에는 '고화도(高和島)'라고 쓰여 있다. 최영섭, 『민족성지 고하도』(도서출판훈, 2007), p.354.

63 최성환, "목포 고하도 일제강점기 역사유적의 내력과 그 성격에 대한 고찰", 「한국학연구」 61 (2017.6.30.), p.284.

64 「Naver 지식백과: 고하도」, https://terms.naver.com/entry.nhn?docId=3346989&cid=43737&categoryId=58185 (검색일: 2018.5.22.)

끝에는 '큰목' 벌판이 있는데, 6·25전쟁 후 염전을 만들어 소금을 생산하다가, 1980년 영산강 하구언에 축조된 후 염도가 낮아져 폐전했다. 또한 고하도에는 샘물의 수질이 좋아 일제 강점기에는 일본 사람이 나까노中夜 양조장을 경영하여 술을 빚기도 하였다.[65]

즉, 고하도는 육상과 그리 멀지 않은 교통의 요지에 위치하여, 강한 바람을 피하면서도 육상으로부터 식량 조달 등이 편리하고, 섬 자체 내에서도 염전과 식수 등 자급자족이 가능한 지역[66]이었던 것이다.

고하도는 주위가 약 9킬로미터 되는 조그마한 섬이지만, 영산강 입구에 위치하여 교통이 편리하기 때문에 병력 보충이나 군량 조달을 위해서 아주 좋은 조건을 갖춘 곳이었다.

하지만 과연 고하도는 앞서 살펴보았던 해상기지로서의 조건들을 갖추고 있을 것인가? 마한과 루스, 콜벳 등이 제시했던 해상기지의 요건들을 고하도에 비추어 살펴보면서 전략적 거점으로서 적합했는지 판단해보자.

앞서 세 명의 이론가들은 크게 자급자족, 방어, 전략적 위치를 해상기지의 요건으로 제시하였다. 먼저 자급자족의 측면이다. 고하도에서 충무공과 조선 수군은 겨울을 나면서 차후 전투에 대비하기 위해 해로통

65 최영섭(2007), pp.354-355.

66 목포는 흔히 김, 쌀, 소금, 면화가 풍부하고 유통이 활발한 항구도시라는 의미로 '1黑 3白'의 고장이라 불렸다. 최성환은 이 중에서 특히 소금은 이순신의 조선 수군 재건활동과 관계가 있다는 점에서 지역의 대표성, 즉 '로컬리티'를 지닌다고 보았다. 최성환, "목포의 '로컬리티'로서 고하도 이충무공 문화유산의 전승 내력과 가치", 「지방사와 지방문화」21(2)호(2018.11.), p.187.

행첩, 추수, 모곡, 염전 등의 방법을 통해 식량을 확보하였고, 수군 병력과 전선 건조 인력 확보에 총력을 기울였다. 또한 불과 3개월 만에 13척에서 약 40척의 전선을 건조 및 확보하였는데, 이러한 활동들은 고하도가 자급자족이 가능한 장소였음을 반증해주고 있다.

두 번째 방어의 측면이다. 명량해전 이후 충무공이 왜적의 동향을 고려하며 1달 이상 배를 안전하게 숨기기에 적합한 장소를 찾았음은 앞서 설명과 같다. 충무공은 난중일기에서 고하도에 주둔하는 이유에 대해 "서북풍을 막을 수 있고, 배를 감추기에 아주 적합"하기 때문이라고 했는데, 이는 그가 해상진지로서 방어의 측면을 중요하게 고려했다는 것을 의미한다.

세 번째 전략적 위치이다. 고하도는 나주평야의 곡물 등 군수물자를 운반하는 교통의 길목에 위치하고 있어 선박의 접근 및 출입이 용이한 곳이었다. 덕분에 충무공은 곡물, 병력, 전선 등의 보급을 원활히 받을 수 있었던 것은 물론, 적의 근거지였던 순천 왜성과 상당히 이격된 서남해 쪽에서 적당한 안전거리를 유지하면서도 척후선, 피난민 등을 통해 내외부의 정보수집을 통해 동향파악을 지속 할 수 있었던 것이다. 즉 고하도는 자급자족, 방어, 전략적 위치라는 세 가지 요건을 모두 충족하고 있었던 장소였던 것이다.

그러나 이듬해 약 3개월 후 충무공은 고금도로 진영을 옮겼다. 그것은 충무공이 난중일기에서 밝힌 것처럼 "고금도는 농장도 많고 거주인들도 많아 농사를 지을 수" 있었고, 무엇보다 "호남 좌우도의 내외양을 제어할 수 있는 요충지로 … 중략 … 형세가 한산도보다 배나 좋았기" 때문이었다. 즉 자급자족 면에서, 또한 방어와 전략적 위치 측면 모두 고하도보다 더 좋았던 것이다. 그렇다면 충무공은 왜 처음부터 세 가지 측면에서 고하도 보다 더 좋은 여건의 고금도를 해상진지로 삼지 않았던 것일까?

이 이유는 당시의 상황을 고려해 보아야 한다. 당시 충무공이 보유했던 전력은 칠천량해전 직전 도망 나온 배설의 12척의 함정과 수리를 마친 1척의 함정, 즉 단 13척의 함정이 전부였다. 그리고 명량해전에서 온종일 전투에 지친 병력들, 또 이들을 뒤따르는 피난민들과 부족한 식량과 화력이 전부였다. 그나마 전멸한 조선수군의 절망적 상태에서 이 정도라도 수습할 수 있었던 것은 충무공이 8월 3일 삼도수군통제사로 재임명된 후 9월 16일 명량해전이 있기까지 약 1개월 동안 직접 전국 각지를 돌아다니며 전력을 다해 준비한 덕분이었다. 강화교섭기 내내 해전을 준비, 그 결과 칠천량해전에서 완승을 거두었던 왜군의 상황과, 비록 13:133의 명량해전이라는 기적의 승리를 거두있지만 향후 보급, 충원계획 등이 막막했던 상태의 조선 수군을 비교했을 때 병력과 보급 등 객관적, 주관적 해상전력이 어떠했을까는 굳이 설명이 필요 없을 것이다.

때문에 충무공은 명량해전 승리 이후에도 왜적과 대항할 수준의 조선 수군의 전력을 재건하기 위한 장소가 절박하게 필요했던 것이다. 이는 해상진지 세 가지 요건 중 자급자족과 방어의 측면이 전략적 위치의 측면보다 훨씬 더 고려되었을 것이라 추측할 수 있는 근거가 된다. 이러한 측면에서 보면 왜적들과 조금이라도 더 가까운 거리의 고금도 보다는 안전거리를 확보할 수 있는 서쪽에, 그리고 고립되거나 육상으로부터 침략을 받을 수 있는 원양의 섬 혹은 내륙에 위치하지 않고, 내륙 쪽에 근접하고 교통과 방어가 편리한 섬, 고하도가 해상기지로서 더 우선시 되었을 것이다. 이는 앞서 명량해전 이후 충무공이 적당한 해상진지를 찾기 위해 이동했던 지역들이 남쪽이 아닌 서쪽에 치우쳐져 있었다는 사실을 통해서도 확인해 볼 수 있다.

그러나 약 3개월 이후 어느 정도 병력과 식량, 전선들이 갖추어진 이후에는 굳이 더 좋은 여건의 해상진지를 두고 방어에만 우선순위를 둘 필요가 없었고, 그 결과 자급자족, 방어, 전략적 위치 면에서 더 유리한 남쪽의 고금도로 이진할 수 있었던 것이다. 이는 조선수군의 준비태세 완비와 충무공의 전략적 자신감을 반영한 결과이다. 그리고 해상진지 이전이라는 전략적 선택의 결과는 노량해전이라는 값진 승리에서 확인할 수 있었다.

〈표 2〉 해상진지 요건과 고하도 및 고금도 여건 비교

	해상진지 이론적 요건	고하도 여건	고금도 여건
자급자족	• 자급자족 가능한 군사자원(자재확보) • 보급과 수리시설 • 함정 수용가능 • 숙련된 노동력 • 적합한 토양과 기후	• 식량확보 • 병력확보 • 전선건조 및 수리 • 전선 정박 가능 • 산이 있어 북서풍 차단 • 지형 적합	• 자체 곡물 생산량 증가 • 수용 공간 확대 • 인력 및 농지 풍부

방어	• 자체 방어(안전한 항구) • 방어 전선 내 위치 (결전회피 가능)	• 배를 감추기에 적합	• 사면으로 적 정찰 • 산봉우리 중첩, 후망 • 외부 공격에서 안전 • 적과의 안전거리
전략적 위치	• 전역에 결정적 영향 • 교통이 편리한 최전방(집중과 분산에 유리) • 접근 및 출입의 용이성 • 봉쇄의 제한 • 기회(정보) 포착 가능	• 군수물자 운반의 교통로 • 정보수집 활동 • 서해방어 및 활동 유리	• 사면 적 정찰 가능 • 공격 수비 모두 편리 • 작전반경 확대(서·남해 활동 가능) • 호남 좌우도의 내외양 제어 요충지

V. 결언

본 논문은 해양전략 이론에 비추어 해상진지 고하도가 지니는 의의에 대해 살펴보고자 했다. 임진왜란 기간 중 사용되었던 수많은 해상기지 중 고하도를 연구한 이유는 전쟁 중에 충무공 이순신이 직접 결정한 거점이었고, 무엇보다 짧은 기간 동안 칠천량해전에서 붕괴되었던 조선수군의 불패 신화를 재건했던 역사적 장소로서 연구할 충분한 가치가 있다고 판단했기 때문이다.

그 결과 고하도와 고금도 모두 해양전략이론가인 알프레드 마한과 줄리안 콜벳, 그리고 스티븐 루스가 공통적으로 제시한 해상기지의 조건 즉, 자급자족, 방어, 전략적 위치 등을 충족하는 지점이었음을 확인할 수 있었다. 그러나 세 가지 조건에서 더 나은 조건의 고금도 대신 고하도를 먼저 선택했던 이유는 당시 세 가지 조건 중에서 가장 절박하게 '방어'에 우선순위를 둘 수밖에 없었던 상황이었기 때문이었다. 이는 어느 정도 조선수군이 재건되어 더 이상 '방어'에 우선순위를 둘 필요성이 적어진 시점에서는 세 가지 조건을 고루 충족하는 곳으로 이진한 것에서 확인할 수 있었다.

고하도는 적이 주둔한 곳으로부터 안전거리에 위치하고 있어 확고하게 점령하며 방어할 수 있는 곳으로, 자체 식량이나 전선건조, 병력 확보 등이 가능한 곳이었을 뿐만 아니라, 교통이 편리하여 운송, 조달, 정보교류 등이 매우 용이했던 곳이었다. 그리고 무엇보다 당시 내외적 상황을 고려한 충무공의 전략목표가 '당장 싸우기 위한' 것이 아니라, '싸울 준비를 충분히 할 수 있도록' 하는 것이었음을 고려해 볼 때 가장 적합한 해상진지였다. 이후 충무공은 어느 정도 싸울 수 있는 전력이 갖추어지자 '기회를 노려 싸울 수 있도록' 해양전략을 변경하고 자급자족, 방어, 전략적 위치라는 세 가지 면에서 더 적합한 조건의 해상진지, 고금도로 이진하였다.

이는 전략 목표에 적합한 해상진지의 중요성을 보여주는 것으로, 해양전략을 구현할 수 있는 해상진지를 통해 충무공은 단기간에 전몰한 조선수군을 재건시켰고, 적절한 기회를 잡아 노량해전에서 왜군을 패퇴시킬 수 있었던 것이다.

이 같은 연구 결과는 오늘의 우리에게 조선수군을 재건하였던 역사적 장소, 고하도가 지니는 해양전략적 의의를 확인시켜주는 동시에, 충무공 이순신의 탁월한 전략적 판단 능력을 보여준다. 그는 전장에서 싸우는 전략, 전술 이외에도, 전쟁준비에서부터 지원 등까지 모든 것을 종합 판단하여 해상 기지를 선정할 수 있었던 진정한 '전쟁의 신'이었던 것이다.

전쟁에서 이기기 위해서는 많은 것을 사전에 준비하고 검토해야 한다. 해전에서 승리하기 위해서는 자급자족, 방어, 전략적 위치가 고려된 '해상진지'가 반드시 사전에 검토, 준비되고 보장되어야 한다. 400여 년이 흐른 오늘의 우리는 어떠한가? 일본, 중국, 러시아, 북한 등 세계에서 가장 갈등 가능성이 높은 곳으로 예상되는 곳이 한반도 주변 동북아시아다. 이에 대응하기 위한 전략기동함대의 해상진지, 제주민군복합형관광미항의 경우 1993년 소요가 반영된 시점부터 2016년 준공식까지 24년이 걸렸다. 그러나 아직까지도 반대집회, 법률 소송 등 이에 대한 갈등은 끝나지 않았다. 해상진지는 해양전략 목적에 맞는지, 또 필요조건들을 충족하고 있는지에 대해 신중히 검토되어야 한다. 그리고 그 조건들에 부합한다면 반드시 확보되어야만 한다.

임진왜란이라는 절체절명의 시기, 조선수군을 재건시킬 수 있는 안전한 해상기지를 절박하게 찾던 '충무공 이순신의 전략적 선택 과정,' 그리고 '고금도라는 해상진지의 중요성'에 대한 역사적 교훈은 오늘을 사는 우리에게 아직도 많은 시사점을 주고 있다.

주제어: 고하도, 해양진지, 해양전략, 이순신, 전략적 지점

참고 문헌

단행본

_ 강영오, 『해양전략론』(서울: 한국해양전략연구소, 1998.)

_ 김동철, 『우리가 꼭 한번 만나야 하는 이순신』(서울: 선출판사, 2018.)

_ 김헌식, 『위인전이 숨기는 이순신 이야기』(서울: 평민사, 2004.)

_ 김현기, 『현대해양전략사상가』(서울: 한국해양전략연구소, 1998.)

_ 박창희, 『군사전략론』(서울: 프래닛미디어, 2017.)

_ 서애유성룡, 이재호(역), 『국역정본 징비록』(서울: 역사의 아침, 2017.)

_ 『선조실록』

_ 안영배, 『잊혀진 전쟁, 정유재란』(서울: 동아일보사, 2018.)

_ 알프레드 세이어 마한(Alfred Thayer Mahan), 김주식(역), 『해양력이 역사에 미치는 영향1, 2』(서울: 책세상, 2006.)

_ 알프레드 마한, "해양전략의 기초와 원칙," 전웅(편), 『지정학과 해양세력 이론』(서울: 한국해양전략연구소, 1999.)

_ 알프레드 세이어 미한(Alfred Thayer Mahan), 이윤희, 김득주(역), 『해군전략론』(서울: 동원사, 1974.)

_ 이봉수, 『이순신이 싸운 바다』(서울: 새로운 사람들, 2008.)

_ 이순신, 노승석(역), 『개정판 교감완역 난중일기』(서울: 여해, 2018.)

_ 이순신, 박혜일·최희동·배영덕·김명섭(역), 『이순신의 일기, 난중일기』(서울: 시와 진실, 2016.)

_ 이민웅, 『이순신 평전』(서울: 성안당, 2017.)

_ ______, 『임진왜란 해전사』(서울: 청어람미디어, 2014.)

_ 이봉수, 『이순신이 싸운 바다』(서울: 새로운 사람들, 2008.)

_ ______, 『천문과 지리 전략가 이순신』(서울: 가디언, 2018.)

_ 이은상, 『이충무공 일대기』(서울: 국학도서관출판, 1946.)

_ 이종각, 『일본인과 이순신』(서울: 이상, 2018.)

_ 임원빈, 『이순신 병법을 논하다』(서울: 신서원, 2005.)

_ 제장명, 『이순신 백의종군』(서울: 행복한 나무, 2011.)
_ 제프리 틸(Geoffrey Till), 배형수(역), 『21세기 해양력』(서울: 한국해양전략연구소, 2011.)
_ 조성도, 『임진장초』(서울: 연경문화사, 2015.)
_ ______, 『충무공 이순신』(서울: 남영문화사, 1985.)
_ 최석남, 『이순신과 그들』(서울: 명양사, 1961.)
_ 최영섭, 『민족성지 고하도』(도서출판 훈, 2007.)
_ 해군본부, 『해군용어사전』(진해, 2011.)
_ 해군사관학교 박물관, 『구해 조성도 교수 화갑기념 충무공 이순신 연구논총』(서울: 연경문화사, 1991.)
_ 해럴드 커슬리(Harold J. Kearsley), 해군대학(역), 『해양력과 21세기 *Maritime Power and Twenty Century*』(대전: 해군대학, 1999.)
_ 혜문, 『How are you? 이순신』(서울: 작은숲, 2012.)

학술지, 잡지 등에 게재된 논문

_ 김기주, "머핸과 코벳의 해양전략사상", 군사학연구회 『군사사상론』(서울: 플래닛미디어, 2016.)
_ 김영숙, "충무공이순신 연구", 경희대학교 박사학위논문(1993년).
_ 노기욱, "명량해전 이후 이순신의 전라도 해안지역 해상기지 건설", 「이순신연구논총」 제25권, 1호, 2016.
_ 박주미, "해양전략 이론 형성에 영향을 준 지상전략 이론", 「Strategy 21」 2018년 제43호.
_ 신효승, "정유재란 초기 조선 수군의 작전 수립과정과 활동", 「역사와 경계」 88호, 2013.
_ 최성환, "목포 고하도 일제강점기 역사유적의 내력과 그 성격에 대한 고찰", 「한국학연구」 61, 2017.6.30.
_ ______, "목포의 '로컬리티'로서 고하도 이충무공 문화유산의 전승 내력과 가치", 「지방사와 지방문화」 21(2), 2018.11.

영어권 단행본

_ Booth, Ken. *Navies and Foreign Policy*(N.Y.: Holems and Meier, 1979.)
_ Corbett, Julian. *Some Principles of Maritime Strategy*(London: Perfect Library, 2015.)
_ Mahan, Alfred T. *From Sail to Steam: Recollection of Naval Life,* Harper & Brothers, 1907.
_ Luce, Stephen B. edited by D. Hayes and John B. Hattendorf. *The Wrightings of Stepen B. Luce*(Newport: Naval War College Press, 1975.)
_ Reeve, John. Stevens, David. *The Face of Naval Battle,* National Library of Australia, 2003.
_ SUN TZU. translated by Thomas Cleary. *The Art of War*(Boston: Shambhala Publication, 1988.)
_ Wylie, J. C. *Military Strategy*(MD: Annapolis, Naval Institute Press, 2014.)

영어권 논문

_ Speller, Ian. "Naval Warfarc", in David Jordan and James D. Kiras eds. *Understanding Modern Warfare*(UK: Cambridge University Press, 2017.)

인터넷 검색

_ "Goolge 지도: 고금도, 고하도"(검색일: 2018.12.10.)
_ "Naver 이미지: 고금도," https://terms.naver.com/entry.nhn?docId=567241&cid=46617&categoryId=46617(검색일: 2018.5.22.)

전투사례를 통해 본 정신전력의 중요성과 강화방안*

– 임진왜란 해전 사례를 중심으로

* 본 연구는 국방정신전력원의 「정신전력연구」 제55호(2018년 11월)에 게재된 같은 제목의 논문이다.

Ⅰ. 서론

1. 연구목적 및 배경

국력은 "국가가 현재적 및 잠재적으로 보유하는 유형과 무형의 제 요소가 총합된 국가의 능력"이다. 이 중 인구, 국토면적, 천연자원, GNP, 군사비 등 유형적인 요소와 달리 지도력, 권력구조, 국민성, 사기, 단결력 등의 무형적 요소는 상대적으로 측정이나 합의가 어렵다는 점에서 이론적 연구가 제한된다.

그럼에도 불구하고 군사서의 고전 클라우제비츠의 『전쟁론』, 동양의 『손자병법』 등을 비롯한 많은 군사이론들은 전쟁을 수행함에 있어 정신전력의 중요성을 반드시 강조하고 있다. 그들은 왜 그리고 어떻게 주장할 수 있었던 것일까? 본 연구에서는 정신전력의 중요성에 관해 기존 군사이론들에서는 왜 중요하다고 생각했는지, 그리고 그렇다면 이를 위해 무엇을 어떻게 해야 한다고 주장하는지를 살펴본 후 실제 역사 속 사례를 통해 이를 검증해보고자 한다. 이를 위해 '집중적 연구 방법론'[1]을 통한 사

1 이종학은 군사사의 연구방법을 개괄적 방법(extensive method)과 집중적 방법(intensive method)으로 구분하였다. 여기서 개괄적 방법은 고대에서부터 현대까지의 전체 기간 동안의 전쟁 등 군사와 관련된 분야를 폭넓게 연구하는 것을 의미하고, 집중적 방법은 몇 개의 주제를 중심으로 깊이 있게 연구하는 것이다. 군사사의 연구는 과거의 군사문제를 통해 현재의 군사문제를 이해해야 할 뿐만 아니라 미래를 전망해야 하기 때문에 군사사 연구에 있어서 개괄적 방법과 집중적 방법을 병용하는 것이 바람직하다고 주장하였다. 이종학, 『한국군사사 연구』(대전: 충남대학교 출판문화원, 2013), pp.26-29.

례연구, 문헌연구, 해석적 연구방법을 사용할 것이다. 이는 1900년대 슐리펜 장군이 독일이 프랑스를 상대로 승리할 수 있었던 섬멸전의 교훈[2]에서 보듯 본 연구를 통해 기존에 막연하게 여겨져 왔던 정신전력의 중요성에 대한 이론적 근거를 제시하고, 실제 사례를 통해 이 이론들이 사실인지를 확인해 봄으로써, 현대전에서 정신전력의 가치를 다시금 생각해 볼 수 있도록 할 것이다. 또 나아가 현대전을 준비하는 우리가 정신전력 강화를 위해 무엇을 어떻게 준비해야 하는지도 확인할 수 있을 것이다.

본 논문은 총 5장으로 구성되어 있다. 1장은 서론으로 본 논문의 목적과 배경, 그리고 본 논문이 다루게 될 정신전력이 무엇인지에 대한 개념 정의를 실시한다. 2장에서는 실제 군사전략 이론가들은 정신전력을 어떻게 보고, 주장했는지에 대한 이론적 고찰을 실시한다. 서양의 클라우제비츠, 동양의 손자에 이어 무형전력의 중요성을 실증적으로 보여주고자 했던 프랑스의 아르뎅 뒤피크의 사상과 이론이 그 대상이다. 3장에서는 2장에서 검토했던 이론들이 실제에서는 어떻게 나타나고 있는지 임진왜란 7년간의 해전을 통해 충무공 이순신과 원균의 사례연구를 검증해 본다. 마지막 4장에서는 지금까지의 논의를 종합하여 정신전력 강화방안을 도출해 보고, 5장을 통해 결론을 맺을 것이다.

2 전략적 수준에서 알프레드 폰 슐리펜(Alfred von Schlieffen) 백작은 한니발이 바로(Varro)의 군대를 포위할 때 썼던 전술을 프랑스 군대를 포위하는 계획을 세우는 데 사용했다. 슐리펜은 러시아가 동프러시아에 대규모 병력을 집결하기 전까지 독일이 프랑스를 상대로 빠른 승리를 해야 한다고 믿었기에 한스 델르뤽의 History of the Art of War(1900)에서 영감을 받아 포위를 통한 '섬멸전'을 실행하였다. 훗날 그는 논문들을 통해 그의 정책을 발전시켰고, 이 중 상당수가 번역되어 1913년 Cannae라는 제목으로 출판되었다. 육군 군사연구소, 『군사사 연구방법론』(국군인쇄창, 2010), p.58.

2. 개념정의

국가전력국력은 "국가가 현재적 및 잠재적으로 보유하는 유형과 무형의 제 요소가 총합된 국가의 능력"이라는 광의의 의미와, "국가안보정책의 수행능력"의 협의의 의미를 지닌다.[3] 즉, 국가전력이란 정치·경제·사상·군사전력에다 과학기술 능력을 포함한 총체적인 전력을 의미한다.[4] 이 중 병력·무기·장비·물자 등의 양과 질, 각종 훈련의 숙달 수준, 장병들의 전투의지 등에 의해서 나타나는 능력을 군사전력이라고 하는데, 이러한 군사전력은 유형전력과 무형전력으로 구분된다. 유형전력은 "병력, 무기, 장비, 물자 등과 같이 눈으로 볼 수 있고 손으로 만질 수 있는, 형체를 가지고 있는 전투능력"이다. 반면 무형전력은 "군인이 전투에서 승리를 쟁취하기 위해 인간으로서 발휘할 수 있는 육체적, 정신적 능력과

3 광의의 국력에서 겉으로 드러나 있는 인구, 국토면적, 기후, 지세, 천연자원, 사회복지, 문화 및 과학기술의 수준, GNP, 금 및 외화보유고, 군사비, 군비 등의 유형적인 요소와 지정학적 위치, 지도력, 권력구조, 여론, 선전, 보도의 기술, 국민성, 사기 등 무형적인 요소를 합한 능력을 현재적이라 본다면, 속에 숨어서 겉으로 드러나지 않고 있는 천연자원 특히 전략자원으로서의 석유, 천연가스, 철, 우라늄 등 유형적인 요소와 단결력, 개발 및 발명능력, 전투능력 등 무형적인 요소를 합한 능력을 잠재적이라 볼 수 있다. 반면 협의의 국력은 국가의 물리적·정치적·경제적·정신적 생존에 대한 내외로부터의 위협과 압력 및 저항을 미연에 방지하고 이들이 현실로 발생하였을 때에는 이들을 배제하는 한편, 특정국가 또는 특정국가군에 대하여 정치적·경제적·군사적 위협 또는 압력을 가하거나 혹은 무력을 행사함으로써 자국의 의지를 관철시키는 국가능력이 총합된 작용을 지칭한다. 황성칠, 『군사전략론』(서울: 한국학술정보, 2013), pp.158-161.

4 국방부, 『국군 정신교육 기본교재』 1998, p.27.

내재적 가치가 결합된 총화로서, 기술전력, 운용전력, 정신전력 등 형태는 없으나 분명히 그 실체와 가치가 존재하는 힘”[5] 이다.

〈그림 1〉 국가전력과 무형전력과의 관계[6]

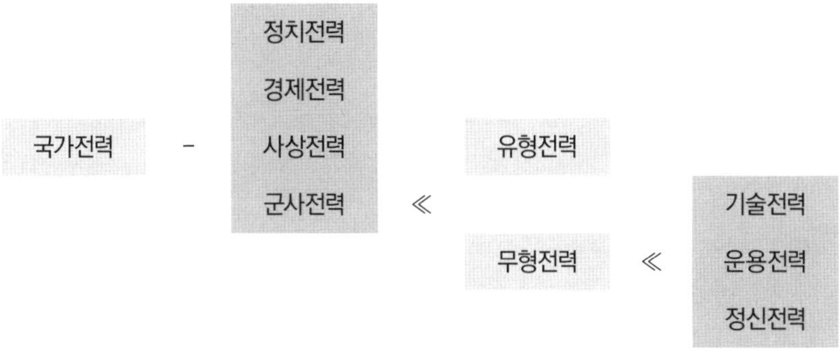

〈표 1〉 무형전력의 3대 요소[7]

구분	내용	비고
기술전력	무기, 장비, 물자 등에 대한 사용법 숙달 및 기량 향상을 통하여 전력의 효율을 최고의 수준으로 발휘하게 하는 전력	
운용전력	병력, 장비, 물자를 보다 통합적으로 운용하여 승리를 쟁취하고자 하는 전략전술, 지휘통솔, 부대관리 능력	전투력은 무형전력과 유형전력으로 구성
정신전력	모든 장병이 지휘관을 중심으로 투철한 군인정신, 엄정한 군기, 충천된 사기, 공고화된 단결로 부여된 임무를 완수할 수 있는 조직화된 전투 의지력	

5 국방부, 『정신전력 지도지침서』 1997, pp.24-25.

6 서울교육대학교 산학협력단, 『장병 정신교육 기본교재 개편 사전 연구 용역』(충남: 국방정신전력원, 2017), p.19.

7 국방부, 『정신전력 지도지침서』 1997, pp.25-27.

여기서 정신전력은 정신精神과 전력戰力의 합성어로, 정신을 전투력으로 승화시킨 상태를 의미한다.[8] 정신전력에 관한 한국군의 기본 지침서인 『정신전력 지도지침서』에는 "정신전력은 모든 장병이 지휘관을 중심으로 투철한 군인정신, 엄정한 군기, 충천된 사기, 공고화된 단결로 부여된 임무를 완수할 수 있는 조직화된 전투 의지력이다"라고 명시되어 있다. 각각의 세부 설명은 〈표 2〉와 같다.

〈표 2〉 정신전력의 구성요소[9]

구성요소	정의
군인정신	군인정신은 전쟁의 승패를 좌우하는 필수적인 요소이다. 그러므로 군인은 명예를 존중하고 투철한 충성심, 진정한 용기, 필승의 신념, 임전무퇴의 기상과 죽음을 무릅쓰고 책임을 완수하는 숭고한 애국애족의 정신을 굳게 지녀야 한다.
군기	군기는 군대의 기율이며 생명과 같다. 군기를 세우는 목적은 지휘체계를 확립하고 질서를 유지하며 일정한 방침에 일률적으로 따르게 하여 전투력을 보존·발휘하는 데 있다. 그러므로 군대는 항상 엄정한 군기를 세워야 한다. 군기를 세우는 으뜸은 법규와 명령에 대한 자발적인 준수와 복종이다. 따라서 군인은 정성을 다하여 상관에게 복종하고 법규와 명령을 지키는 습성을 길러야 한다.

8 박성현, 박휘락, 이명주, 오종권, 양태욱, "정신전력 평가도구 개발 연구", 21세기군사연구소, 2010. p.56; 서울교육대학교 산학협력단(2017), p.19에서 재인용.

9 국방부, 『정신전력 지도지침서』 2013, pp.45-55.

사기	군대의 강약은 사기에 좌우된다. 사기는 군복무에 대한 군인의 정신적 자세이며, 사기 왕성한 군인은 자진하여 어려움에 임하고 즐거이 그 직책을 수행할 수 있다. 그러므로 군인은 자기 직책에 대한 이해와 자신을 가져야 하며 굳센 정신력과 튼튼한 체력을 길러 죽음에 임하면서도 맡은 바 임무를 완수하겠다는 왕성한 사기를 간직하여야 한다.
단결	전쟁의 승리는 오직 단결된 힘에 의하여 얻을 수 있다. 단결의 요체는 전원이 한마음 한뜻으로 뭉쳐 준법정신·희생정신·공사의 명확한 구분과 상호 이해를 바탕으로 공동의 목표를 달성하기 위하여 모든 역량을 통합·집중하는데 있다. 그러므로 모든 부대는 군기가 상징하는 부대의 전통과 명예를 위하여 지휘관을 중심으로 굳게 단결하여야 한다.

II. 정신전력의 중요성

1. 군사전략 이론가들의 이론적 배경

가. 클라우제비츠 『전쟁론』

서양에서 대표적인 군사사상가를 들자면 모든 학자가 이의 없이 클라우제비츠를 선택할 정도로 그가 저술한 『전쟁론』은 전쟁에 관한 가장 포괄적이며 체계적인 연구 결과물로 손꼽힌다 전쟁론은 총 8편 128개 장절로 구성되어 있는데, 이 중 본 연구가 주목하는 부분은 제1편 "전쟁의 본질"과 제2편 "전쟁이론" 그리고 제3편 "전략"이다. 기존의 기계론적·원칙 중심의 전쟁이론의 한계를 극복하기 위해서 인간의 정신적 요소를 고려해야 한다고 강조[10]하면서 전쟁의 불확실성을 극복할 수 있는 정신적 요인, 정신능력을 구체적으로 지휘관의 재능, 군의 무덕, 국민정신 등을 통해 제시[11]하고 있기 때문이다.

그에 따르면 전쟁은 폭력성과 적대감, 우연과 개연성, 정치적 종속성이라는 3요소를 지닌다. 이 세 가지 요소 중 첫 번째는 주로 민족과, 두 번째는 지휘관이나 군대, 세 번째는 주로 정부와 관련된다. 이 3요소는

10 군사학연구회, 『군사사상론』(서울: 플래닛미디어, 2014), p.132.

11 카를 폰 클라우제비츠 지음, 류제승 옮김, 『전쟁론』(서울: 책세상, 2016), pp.157-168.

상호 간 다양한 관계를 맺고 있기 때문에 전쟁이 본래의 정치적 목적을 달성하거나 현실전쟁 혹은 평화를 유지하기 위해서는 이들 사이의 균형을 유지하는 진정한 '삼위일체'가 절대적으로 중요하다. 이들의 균형이 깨지는 순간 전쟁은 끝없는 상태, 즉 절대전쟁으로 발전된다.

여기서 흥미로운 부분은 클라우제비츠가 위에서 언급된 우연과 개연성 등 마찰 요인을 극복하기 위해 계량화할 수 없는 인적요소들, 즉 '정신적 요소' 혹은 '군사적 천재'라는 부분을 강조했다는 점이다. 그는 천재의 개념을 "어떤 활동을 아주 뛰어나게 수행하는 매우 높은 정신력"이라며, '통찰력과 결단력'이라는 이성과 감성이 균형을 이루는 정신력이라고 설명하면서[12] 특히 그 지휘관의 역할을 강조했는데, 최고사령관은 국가 상황을 통찰하는 능력을 구비하여 궁극적으로 전쟁지도와 정치가 통합될 수 있도록 최고사령관이자 정치가가 되어야 한다고 주장했다. 즉 지휘관은 단지 전쟁을 수행하는 자에 그치는 것이 아니라 모든 국가 상황을 한눈에 파악하면서, 다른 한편으로 가용 수단으로 무엇을 실행할 수 있는지까지 정확히 인식할 수 있어야 하는 것이다. 클라우제비츠는 이를 위해서는 경이로운 정신의 눈으로 승화된 통합력과 판단력이 필요하며, 창조하기보다는 탐구하는 두뇌, 편협하기보다는 포괄적인 두뇌, 뜨겁기보다는 차가운 두뇌의 소유자여야 한다고 주장했다.[13]

그가 본 통찰력이란 지휘관의 강한 의지력, 정력, 단호함, 완강함, 강한 감성과 강한 성격을 토대로 한다. 전쟁이라는 매우 격렬한 흥분의 순

12 군사학연구회(2014), p.148.

13 카를 폰 클라우제비츠(2016), p.95.

간에서도 '이성'이라는 자제력을 발휘할 수 있도록 만드는 강한 감성과 강한 성격은 지휘관의 신념conviction을 확고하게 지키게 만들어, 행동의 지속성과 연속성을 얻게 만든다.

결단력은 정신적 용기를 의미한다. 전쟁이라는 불확실한 상황 속에서 고통과 망설임을 극복하고 위험 속에서 본인이 책임을 질 수 있는 행동을 하기 위해서는 결단력이라는 정신적 용기가 필요하다. 클라우제비츠는 "정신적 요소를 고려하지 않고는 어떤 승리의 결과도 거의 설명될 수 없다"며 다음과 같이 전쟁의 불확실성을 극복하기 위해서 물리적 능력과 더불어 인간의 정신적 요소를 강조하였다.

> "물리적 원인과 결과는 칼의 목제 손잡이에 불과하지만 정신적 원인과 결과는 귀금속, 즉 광택 나게 연마된 본래의 칼날이라고 할 수 있을 것이다. 정신적 요인의 가치와 엄청난 영향은 역사를 통해 가장 효과적으로 입증된다. 그리고 이러한 가치와 영향은 야전사령관이 역사에서 얻을 수 있는 가장 고귀하고 진정한 영양소이다."[14]

앞서 언급한 것과 같이 전쟁은 여러 가지 위험요소, 육체적 노력, 정보의 부족, 마찰 등의 방해요소를 지닌다. 이를 극복하는 방법은 군사적 천재 외에 없는 것일까? 클라우제비츠는 오직 한 가지, 군의 전쟁 습관이 있다고 보았다.[15] 전쟁습관이란 전쟁 이전 평화 시에 군이 행하는

14 카를 폰 클라우제비츠(2016), p.157.

15 카를 폰 클라우제비츠(2016), pp.105-106.

기동연습, 훈련 등을 통칭하는 것으로, 전쟁 상황을 생소하게 받아들이지 않도록 만드는 것을 말한다. 평화 시 전쟁 상황에 대비한 육체적 훈련과 연습, 지휘관의 판단력과 결단력 훈련 등은 전쟁에 임했을 때 심각한 위험 상황에서도 정신을 강화시켜주고, 판단력을 강화시켜준다.

나. 손자 『손자병법』

손자의 『손자병법』은 2500여 년 전 중국 춘추시대에 만들어진 오랜 병서임에도 불구하고 군사 분야는 물론, 정치, 경제경영, 사회 등 오늘날까지 여러 각 분야에서 널리 읽히고 사랑받는 동양의 대표적인 고전이다. 총 13편 6,109자밖에 되지 않는 적은 분량임에도 그 속에는 국가전략에서 전쟁원칙, 용병술 등에 이르기까지 깊은 철학적 사상이 담겨있다.

손자병법의 1편 계計는 "전쟁이란 나라의 중대한 일이다. 죽음과 삶의 문제이며, 존립과 패망의 길이니 살피지 않을 수 없다"로 시작한다.[16] 이어 이렇게 중차대한 전쟁을 앞두고 장수가 반드시 헤아려야 할 다섯 가지를 들었는데, 도道, 도덕, 천天, 天時, 지地, 地利, 장將 帥, 법法, 법도이 그것이다. 여기서 우리는 천, 지, 법 등 눈에 보이는 물리적 힘 외에도 사람과 관계된 보이지 않는 도, 장이라는 정신적 요소도 함께 언급하고 있다는 점에 유의해야 한다.

16 손자지음, 김원중 옮김, 『손자병법』(서울: 휴머니스트, 2018), p.36.

"도란 백성이 윗사람군주과 뜻을 함께하는 것으로, 군주를 따라 죽을 수도 있고 살 수도 있는 것을 말한다. 천이란 음양, 추위와 더위, 사계절의 변화를 가리킨다. 지란 땅의 멀고 가까움, 험준함과 평탄함, 넓음과 좁음, 살 곳과 죽을 곳을 가리킨다. 장이란 지혜, 믿음, 어짊, 용기, 엄격함을 가리킨다. 법이란 군대 편제, 조정의 벼슬체계와 식량의 수송로, 주력부대의 보급 물자 운용을 가리킨다. 이 다섯 가지는 장수 된 자가 반드시 들어야 하는 것으로, 이것을 아는 자는 승리하지만 알지 못하는 자는 승리할 수 없다."[17]

손자는 또한 전쟁에서 이기고 지는 것은 다음 일곱 가지 계책을 탐색해 보면 알 수 있다고 하였다. 첫째, 군주 중에 누가 도를 갖추었는가? 장수 중에 누가 더 유능한가? 셋째, 천시와 지리는 누가 얻었는가? 넷째, 법령은 누가 잘 시행하는가? 다섯째, 병력은 누가 더 강한가'? 여섯째, 병사들은 어느 쪽이 더 훈련되어 있는가? 일곱째, 상벌은 누가 분명한가? 이렇게 손자는 전쟁을 수행함에 있어 물리력을 행사하고 조정하는 주체가 '인간'이고, 그 중 특히 '장수'와 '지도자'가 얼마나 중요한지를 강조한 것이다.

제3편 모공 편 중 승리의 이치 다섯 가지에서도 그의 이러한 중심사상이 그대로 드러난다. 첫째, 싸워야 할 때를 아는 것과 싸워서는 안 될 때를 아는 자는 승리한다. 둘째, 병력이 많고 적음에 따라 용병법을 아

17 손자(2018), pp.42-43.

는 자는 승리한다. 셋째, 위장수와 아래병사가 한마음이 되면 승리한다. 넷째, 준비하고 있으면서 준비하지 못한 적을 기다리는 자는 승리한다. 다섯째, 장수가 유능하고 군주가 조정하려고 들지 않으면 승리한다는 것이다.

다. 아르뎅 뒤 피크 『전투연구』

아르뎅 뒤 피크는 앞의 두 사상가보다 널리 알려져 있지는 않으나 병력의 질적인 우세와 정신적 요소를 강조한 인물로서 근대 프랑스 군사사상을 대표하는 군사사상가이다. 뒤 피크는 크림 전쟁에 대위로 참전하면서 수적으로 우위에 있는 군대가 실제 전투에서 열세에 놓이는 상황을 목격하고 왜 이러한 결과가 나타나는지에 대한 의문을 가졌다. 이후 설문조사와 로마 군대 등의 고대 군사 기록을 통해 물리적 요소에 비해 덜 주목받고 있던 정신적 요소의 중요성을 깨닫고, 군대의 양이 아닌 질質의 문제가 전투의 본질적 실체를 형성하고 있다고 주장했다. 그는 "전투에서 성공은 사기에 달려 있다"고 강조하고, 전투는 "두 집단의 물질적 충돌이 아닌, 두 집단의 정신적 충돌"이라고 주장했다.[18]

"전투는 군대의 최종 목표이고 인간은 전투를 함에 있어서 가장 기본적인 도구이다. 전투가 이루어지는 순간 가장 기본적인 도구인 인

18 군사학연구회(2014), p.249.

간과 그의 정신상태 그리고 그의 사기 등에 대한 깊은 통찰이 없이는 군대에 있어서 구성원, 조직, 군기, 전술 그리고 장병들의 손 움직임 하나까지도 아무것도 현명하게 규정될 수는 없다. …중략… 삭스 원수의 말을 인용하면 인간의 정신이야말로 전쟁에 관계되는 모든 문제의 출발점이 된다. 사람의 심리가 복잡하고 쉽게 파악되지 않은 현대 전투에서가 아니라 고대 전투에서 배우자."[19]

전쟁의 기술은 산업과 과학이 발달함에 따라 많은 변화를 겪게 된다. 그러나 한 가지만은 변하지 않는다. 인간의 마음이 바로 그것이다. 최종적으로 분석해보면 전투에서 승리의 관건은 사기士氣의 문제이다. 군대에서 조직, 군기 및 전술과 관계되는 모든 문제에서 전투의 가장 결정적인 순간에는 인간의 마음이 가장 기본적인 요소이다. 그러나 이러한 점은 거의 고려되지 않고 있다. 따라서 그러한 결과로 기묘한 실책이 많이 초래되고 있다.[20]

19 아르뎅 뒤피크 저, 『전투연구』(국군정신전력학교, 1986), p.59.

20 아르뎅 뒤피크(1986), p.125.

〈그림 2〉 정신전력강화 본질[21]

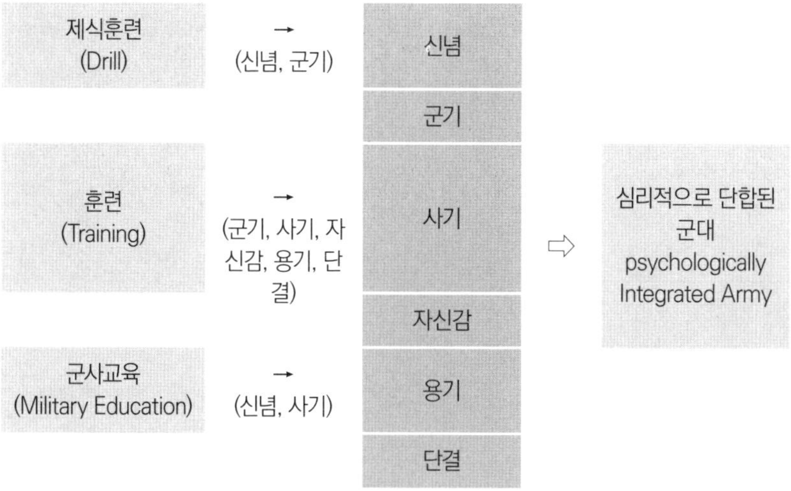

로마의 전술이 인간심리에 대한 깊은 통찰에서 출발했다고 본 그는 칸느 전투, 파르잘루스의 전투 등 고대 전투를 분석하여 이러한 정신적 요소를 고양시키는 방법을 찾았다. 특히 로마군의 사례를 통해 제도적 장치의 중요성을 말했는데, 로마 군대의 편성 단위인 레기온legion은 엄청난 훈련과 엄격한 규율로 병사들을 억압하고 그들의 분노가 본능적으로 폭발하여 적에게 투사될 수 있는 선까지 그들의 분노를 고조시킨 것이 그 예이다. 그는 로마 전술의 우수성은 물질전력만을 강조했던 그리스인들에 비해 끊임없이 정신전력과 물질전력의 균형을 이루려 노력했기 때문이라고 설명했다.

21 김성완, “뒤 피크의 군사사상과 정신전력요소”, 『정신전력연구 제7호』(국군정신전력학교, 1986.), p.17.에서 인용.

또한 지휘관 역시 정신전력에 매우 중요한 요인으로, 그에 따르면 지휘관은 모름지기 적의 움직임을 제대로 파악할 수 있어야 하고 단호한 의지를 갖고 있어야 한다. 인간은 누구나 죽음에 대해 공포를 가지고 있기 때문에 아무리 용감한 병사들로 구성되어 있는 집단이라 할지라도 언젠가는 도망을 치게 되는 시점이 존재한다. 그러나 그 집단 속에 전통과 규율, 그리고 조직 속에서 확립된 확고한 지휘권에 대해 투철한 신념을 가지고 있고, 습관적으로 이루어지는 결단력과 확신을 가진 지휘관이 있다면 그 결과는 달라질 수 있는 것이다.[22]

그러나 이러한 지휘관을 만나는 것은 쉬운 일이 아니다. 이에 그가 강조한 것은 훈련과 군사교육의 중요성이다. 그는 싸움에 임해 도망치려 하고, 가급적 멀리 떨어져서 싸우는 것이 인간의 본능이기 때문에, 병사들로 하여금 그들의 의사와 관계없이 전투하게 만드는 것이 중요하다고 보았다. 평소 훈련과 교육을 통해 서로 신뢰를 가지고, 단결심을 지닌다면 개개인의 공포감을 감소시킬 수 있고, 전투대형, 기동 등의 제도 등을 통해 인간의 약점을 보완할 수 있도록 해야 하는 것이다. 특히 이러한 군기, 사기 등의 부대 정신이 전투에서 나타나게 하기 위해서는 평시 훈련을 통해 사전에 확보되어 있어야 한다.

"승리의 이유는 모든 장병들이 전투의 각 단계에서 자신있게 그리고 즉각적으로 대응할 수 있도록 훈련되었고, 또한 실제로 그러한 방

22 아르뎅 뒤피크(1986), pp.110-111.

법을 알고 있었기 때문이다. … 중략 … 파괴력이 비슷하거나 비록 숫자에서 열세하더라도 전진할 결의가 되어 있는 부대, 포진과 기동으로써 새로운 양상의 물질전력을 보유하여 그의 적을 끊임없이 위협할 수 있는 부대, 즉 한마디로 사기가 충천해 있는 부대는 승리할 수 있다. 정신전력을 갖춘 부대는 적에게 두려움을 불러일으킨다. 반대로 승리하기 위해서는 이 두려움을 없애도록 해야 한다."[23]

2. 정신전력 강화요소

클라우제비츠, 손자, 아르뎅 뒤 피크 등 지금까지 군사전략가들의 이론을 종합한 결과 정신전력을 강화시키는 요소를 크게 첫째 지휘관, 둘째 부대원들의 군기와 사기, 셋째 연습과 훈련, 군사교육 이렇게 세 가지로 구분해 볼 수 있다.

먼저 지휘관의 요소이다. 전쟁의 원인, 성격, 유형 등 전쟁에 관한 수많은 이론이 존재하지만[24] 이 전쟁이 결국 '인간'이 시행하는 행위라는 점은 모두가 공통적으로 인정하고 있다. 때문에 전쟁과 인간의 본성은 깊은 연관성을 지닌다. 그러나 전쟁은 인간 개개인의 행위가 아니라 집

23 아르뎅 뒤피크(1986), pp.137-138.

24 전쟁의 정의 등에 대해서는 Quincy Wright, A Study of War(Chicago: The University of Chicago Press.1964)를 참고할 것.

단적으로 이루어지는 것이기 때문에 이들을 어떻게 조직하고 이끄느냐와 관련된 지휘관, 곧 '리더십'의 변수가 중요하게 다루어진다. 이것이 클라우제비츠, 손자, 아르뎅 뒤 피크가 공통적으로 강조한 부분으로서, 지휘관에 따라 물리적 요소와 관계없이 전투력은 극대화될 수도, 또는 약화될 수도 있고, 이는 곧 승패와 직결됨을 이들은 역사적 사례를 통해 제시한 것이다. 이제 다음 3장을 통해 이들이 주장한 바와 같이 임진왜란 기간 중의 해전 사례를 통해 지휘관의 요소가 승패를 어떻게 바꾸었는지를 살펴보면서 전투 상황에서 지휘관의 중요성을 살펴볼 것이다.

두 번째 부대원들의 군기와 사기의 요소이다. 앞서 리더십에 따라 전투력과 전쟁의 승패가 달라진다는 사실을 언급했는데, 그 이유는 리더십에 따라 그 부대의 군기와 사기가 달라지기 때문이었다. 이들 세 전략가들은 앞서 전쟁에서 유형적 요소와 더불어 아니 때로는 더 무형적 요소가 중요함을 강조하였는데, 군기와 사기가 여기에 해당한다. 이들은 싸우지 않고서도 그 부대의 군기와 사기를 측정해봄으로써 승패를 예견해 볼 수 있다고도 하였다. 이에 다음 3장의 사례를 통해서 해당 부대의 군기와 사기를 측정해보고, 승패와 어떠한 관계가 있었는지를 살펴볼 것이다.

마지막 연습과 훈련, 군사교육이다. 세 명의 전략가들은 인간의 본성을 바꿀 수는 없으나, 평소 연습과 훈련, 군사교육은 전투 시의 공포심과 도피 심리 등의 인간의 약점을 충분히 약화시킬 수 있다고 하였다. 평소 실전과 같은 상황을 가정하고 그 상황에 따른 대응 훈련과 연습을 한다면 당황하지 않을 수 있고, 이러한 훈련을 통해 생긴 부대 내

단결심과 상호 간의 신뢰가 도망을 예방할 수 있다고 본 것이다.[25] 이 역시 다음 장의 사례를 통해 평소의 연습과 훈련, 군사교육 등이 무형 전력과 어떠한 관계가 있으며, 나아가 전쟁의 승패에 어떠한 영향을 미쳤는지 확인해 볼 것이다.

25 존 키건 역시 그의 저서 『전쟁의 얼굴』을 통해 전쟁을 직접 경험하지 못한, 그러나 앞으로 해야 할 군사들이 전장에 익숙해지도록 하는 방법으로 역사상 가장 성공적이었던 것이 표준교범의 기계적 암기와 반복 훈련이었다고 주장했다. 그에 따르면 전쟁 수행을 일련의 규칙과 시행세칙의 체계로 바꾸고, 이를 통해 본질적으로 혼란스럽고 본능적인 행동을 질서정연하고 합리적인 행위로 만들 수 있는 것이기 때문이다. 전쟁에 절차적으로 접근하는 이러한 방법은 전시 두려움이나 공황 상태를 이겨내고 전투의 진상을 파악해, 결과적으로 익숙하지 않은 상황일지라도 망연자실해 하지는 않게 만든다고 말했다. 존 키건(2005), pp.11-19.

III. 정신전력의 발현사례 비교 분석

1장과 2장에서 살펴본 정신전력 강화요소 세 가지, 즉 지휘관, 군기와 사기, 연습과 훈련 그리고 군사교육을 정신전력이 발현된 사례로 검증해 보기 위해서 비슷한 시기에 일어났던 전투 상황에서 지휘관이 바뀌어 전쟁의 승패가 극명하게 달라진 사례를 찾아보고자 했다. 그 결과 단연 군인정신의 표상이자, 구국의 영웅인 충무공 이순신과 원균의 사례를 대표로 꼽을 수 있었다.[26]

이 사례의 시대적 배경인 임진왜란은 1592년부터 1598년까지 7년간에 걸쳐 일본倭이 조선을 유린했던 전쟁 시기로서 국가와 민족의 운명이 위태로웠던 우리 역사에서 가장 참혹했던 시기 중 하나였다. 이때 조선 수군의 리더였던 충무공 이순신과 원균은 임진왜란 시기 해전의 지휘관으로서 임무를 수행하였는데, 그들은 각자 부대원의 군기와 사기, 그리

26 적용 사례를 해전에서 찾는 것이 가장 적합하다고 판단하였는데, 그 이유는 해전에서는 (대체로) 민간인이 없고, 수병은 지상병과 다르게 도주하거나 자리를 옮기지 않는 등의 지휘관의 의도에 반해 행동하는 것이 쉽지 않기 때문이다. 같은 배에 탄 전 인원은 모두 함께 가라앉을 때까지 선장의 지휘를 따라야 한다. 이를 확대하면 함대는 패배할 때까지 명령에 따를 수밖에 없는 것이다. 또한 해군은 명령을 전달하거나 받을 때 모두 일지에 기록해야 하기 때문에 비교적 정확하고 객관적인 자료를 확보할 수 있다. 존 키건 저, 정병선 옮김, 『전쟁의 얼굴』(서울: 지호출판사, 2005), pp.27-28. 이러한 해상전, 해군의 특징에 대해서는 Ian Speller, "Naval Warfare", in David Jordan and James D. Kiras eds, Understanding Modern Warfare(UK: Cambridge University Press, 2017);J. C. Wylie, Military Strategy(MD: Annapolis, Naval Institute Press, 2014) 등을 참고할 것.

고 교육훈련 등의 요소를 변화시켰고, 그 결과 한 명은 세계 해전사에 남을 기록적 승리를 남겼고, 다른 한 명은 해군의 전멸이라는 서로 극명히 다른 결과를 가져왔던 것이다.[27]

1. 칠천량 해전의 원균

이순신의 파직과 처벌을 지속적으로 주장했던 선조는 정유년1597년 요시라의 반간계 사건과 왜영 방화 사건을 계기로 이순신을 체포하고, 이후 백의종군하게 만든다. 그해 2월 말 이순신에 이어 원균이 통제사로 부임하지만 이순신 휘하의 장수들을 그대로 이끌게 되면서 이들과의 갈등이 심해진다. 전쟁을 앞둔 급박한 상황에서의 갑작스런 지휘관교체에 더해 원균의 리더십에 대한 평가는 그리 좋지 못했다.

당시 도체찰사 이원익은 원균에 대해 "평상시에는 상관과의 관계가 화목하지 못하지만, 전투에서는 제법 기용할 만하다"라고 평가하였으나 이어 "그가 거둔 전공 때문에 인정할 뿐, 따지고 보면 결코 등용해서는 안되는 인물이다. 원균에게는 미리 군사를 주면 안 되고, 전투가 벌어졌을 때나 군사를 맡겨 돌격하게 해야 한다"라고 평가하였다. 이후 이원익은 백의종군 중인 이순신과 만났을 때 "나랏일이 이미 잘못되어

27 이순신과 원균을 비교한 연구는 다양하다. 그러나 본 연구에서는 앞서 언급된 세 가지 요인을 중심으로 살펴본다.

죽을 날만 기다릴 뿐이다"라며 원균의 리더십을 비난하였다. 이덕형 역시 칠천량 해전의 실패 원인에 대해 "이때까지 이순신 휘하에 있던 여러 장수들이 원균의 지휘를 따르지 않고 오히려 통제사가 고립되는 상황이 발생하자, 부체찰사 한효순이 이런 상황을 체찰사에게 보고하여 해결하려 했지만 미처 조치를 취하기 전에 칠천량 해전이 벌어졌다"고 진술하기도 했다.

물론 전쟁을 앞두고 조선 수군 역시 준비를 하고 있기는 했다. 강화교섭 기간 동안 이순신이 보충하고 준비해왔던 군량미와 전선, 화기 등은 물론, 병력을 충원하기 위해 조정에서도 양남의 공·사천을 모두 수군으로 편입시키고, 천여 명의 병력을 수군에 배치하기도 한 것이다.[28]

이런 상황에서 정유재란의 첫 번째 전투인 칠천량 해전이 시작되었다. 칠천량 해전은 정유년 7월 14일부터 16일까지 진행되었던 해전으로[29], 일본수군은 칠천량 해전을 통해 임진년 초기의 실패를 만회하고, 조선수군이 지닌 해양 주도권을 일거에 빼앗고자 하였다. 이를 위해 일본수군은 강화교섭 기간 동안 초기 실패의 원인을 분석하면서 수군병력의 충원 및 증강, 대형 군선의 건조, 조선 수군의 전략·전술 분석 및 일본수군의 대응전략·전술 개발, 반간계 준비를 진행, 수행하였고[30] 그 결과 조선 수군은 칠천량 해전에서 고전을 거듭하다 참패의 결과를 맞는다.

28 그러나 이때 징발된 인원들은 대부분 농·어민 혹은 상인 출신으로 해전 경험이 전혀 없었다는 문제를 가지고 있었다. 이민웅, 『이순신 평전』(서울: 성안당, 2017), pp.306-307.

29 칠천량 해전의 실제 교전은 6월 18일부터 간헐적으로 진행된다.

30 강화교섭 기간 중 일본수군의 준비에 대해서는 이민웅(2014), pp.168-193.을 참고할 것.

6월 19일 안골포와 가덕도에서 소규모 해전을 치른 원균의 함대는 일본 군선 여러 척을 빼앗았으나 장수 1명보성군수 안홍국이 전사하고 1명평산만호 김축이 부상당하고 만다. 이어 7월 8일 두 번째 전투에서는 일본 군선 10여 척을 격파하였으나 조선 전선 10여 척이 큰 풍랑에 떠내려가고 이 중 육지에 오르려던 조선 수군들이 일본군에 전멸당하는 일이 벌어진다. 이후 도원수 권율의 독촉으로 7월 14일 다시 급하게 재출전하게 된 조선수군은 거센 풍랑과 급격히 악화된 해상상황으로 함대 일부가 표류하게 되고, 대부분이 피로에 지친 상태가 된다. 식수를 구하기 위해 가덕도와 거제도에 상륙한 뒤에도 매복해 있던 일본군에 의해 살해당하고, 이후 칠천량으로 피하였으나 결국 15일 '야간기습'과 '포위협격', '수륙합동', '등선육박'이라는 일본의 전술에 16일 조선 수군은 전멸에 가까운 패배를 맞는다. 일본 측의 자료에 의하면 당시 160여 척의 조선의 전선이 포획되거나 불태워졌다고 한다.

이전까지 단 한 번의 패배도 없었던 조선수군의 전몰 원인에 대해서 많은 요인들이 거론된다. 먼저 해전이나 해군전술 전략에 대한 이해가 없었던 리더들에 대한 문제이다. 여기에는 근본적으로 전시에 지휘관을 교체했었던 선조는 물론이거니와 당시 조선 수군에게 유리한 상황이 아니었음에도 통제사에게 수군에 대한 출전을 독촉하여 관철시켰던 도원수 권율, 병법의 기본인 경계, 정보, 준비 등을 소홀히 했던 수군의 책임자 통제사 원균 등 그 모두가 여기에 해당한다 하겠다.

두 번째로 지휘관의 리더십지휘통솔력 부재이다. 물론 리더십에는 다양한 유형과 형태가 존재하나, 그 어떠한 형태든 전시에 부하들이 지휘관의 명령에 복종케 하여 목적을 달성하게 만들어야 한다.[31] 그러나 당시 원균은 부하 장수들에게 신뢰를 잃었고, 상하 간 소통이 전혀 되지 않았으며 결국 이는 지휘관이 잘못된 지시를 내려도 참모들이 바로 잡을 수 없는 상태에 이르렀다. 그리고 이러한 부대원 간 일체감과 단결의 부재는 조선 수군 괴멸이라는 결과로 이어졌다.

세 번째 이유는 도망이다.[32] 해전에서의 전투 수단은 전선이고, 전선은 노를 젓는 격군들이 없다면 운행할 수 없다. 격군들이 도망치면 전선의 운행 자체가 불가능해지고, 진형은 순식간에 붕괴되며, 이는 곧 해전에서의 패배를 의미한다. 이러한 현상이 칠천량 해전에서 그대로 나타났는데, 당시 도망친 이들은 주변 섬들과 해안에 매복했던 일본군들에게 모두 살해되었고, 이로 인해 조선 수군은 막대한 인적, 물적 피해를 입었다.

도망은 전투에서 보편적으로 찾아볼 수 있는 현상이나[33], 아르뎅 뒤피크가 지적하였듯 도망의 시기, 정도 등은 부대의 사기, 군기, 규율 등

31 리더십의 정의에 대해서는 한 세기 동안 일반적인 합의나 의견일치에 이르지 못하였을 정도로 수많은 연구가 존재한다. 그러나 리더십 현상의 중심이 되는 몇 가지 공통적인 요소들이 존재하는데, 그것은 ①리더십은 과정이다. ②리더십 과정은 영향을 미치는 과정이다. ③리더십은 집단상황에서 일어나는 현상이다. ④리더십은 목표달성을 위한 과정이라는 것이다. 리더십의 정의와 특성, 유형 등에 관한 연구 결과는 Peter G. Northouse저, 김남현 역, 『리더십 이론과 실제』(서울: 경문사, 2016)를 참고할 것.

32 당시 전쟁 공포로 인한 도망자들에 대한 문제는 심각한 수준이었으며, 이순신 역시도 수많은 장계 등을 통해 이 같은 상황을 조정에 보고하는 한편, 도망자들의 목을 베고 효시하는 등 엄격한 형 집행을 통해 군사들의 공포심을 진정시키려 하였다. 이는 수군만의 문제는 아니었으나, 수군의 경우에는 수군에 이미 차출된 인원들을 육군에서 다시 빼가는 바람에 인원수를 채울 수 없는 경우가 더 많이 발생하여 문제가 심각했다.

33 전투 중 도망에 대해서는 아르뎅 뒤피크(1986), 존 키건(2005) 등을 참고할 것.

과 밀접하게 관계된 것으로 지휘관의 요소가 크게 작용하는 부분이다.

> "이원익은 '이번에 수군은 처음부터 힘을 겨뤄 싸우다가 패한 것이 아니라 산 자나 죽은 자나 모두 도망하기에 바빴던 것입니다.' … 중략 … 정기원은 '그 밖에는 모두 지레 물에 뛰어들어 죽거나 혹은 해안으로 기어올라 도망하여 흩어지니 적들이 비웃으며 말하기를 우리가 조선 군사를 패망시킨 것이 아니라 조선 군사 스스로가 패망한 것이다라고 하였다.' … 중략 … 사헌부가 아뢰기를 '장수들 중에 어떤 자는 수군 전부를 이끌고 도망해 버렸고 어떤 자는 해안으로 올라가 도망해 버리고 주장을 구하지 않았다.'"[34]

2. 명량해전의 충무공 이순신

정유년 7월 22일 칠천량 해전의 패전소식이 조정에도 알려지고, 이 날 조정의 긴급회의에서 이순신을 삼도수군통제사로 재임명하여 수군 재건을 맡기기로 결정된다. 칠천량 해전 이후 2개월 만인 9월 16일 13척의 전선을 가진 조선수군이 133척이라는 10배 이상의 전력을 지닌 일본 수군과 겨뤄 승리한 역사적인 명량해전이 일어난다.

34 『선조실록』 권91, 선조 30년 8월. 이민웅, 『임진왜란 해전사』(서울: 청어람미디어, 2014), p.207에서 재인용.

칠천량 해전 이후 조선 수군이 괴멸되었던 사실은 앞서 언급된 바와 같다. 그러나 이순신은 8월 5일부터 17일까지 전라 좌도 지역에서, 그 후 1개월간은 전라 우도 지역을 돌며 칠천량 해전 당시 탈출했던 경상우수사 배설이 지닌 10여 척의 전선을 인수하고, 흩어져 있던 주변 지역의 수군병력과 피난민, 자발적으로 합류한 장병 등을 통해 병력을 충원함은 물론, 각지에 산재해 있던 화기를 비롯한 무기 역시 보충했다. 8월 3일 삼도수군통제사로 재임명된 이순신은 칠천량 해전에서 승리한 뒤 자신감에 차있던, 조선수군에 비해 압도적인 규모와 병력을 지닌 일본 함대와 결전을 벌이기 위해 명량해전 하루 전 9월 15일 진영을 벽파진에서 우수영으로 옮긴다. 이는 벽파진 뒤편에 위치한 명량을 고려한 조치였다. 그리고 휘하 장수들과의 작전회의를 가지고 그 유명한 정신훈화를 하게 된다.

여러 장수들을 불러 모아 "병법에 이르기를 죽고자 하면 오히려 살고, 살고자 하면 도리어 죽는다必死則生 必生則死 하였고, 또 한 사람이 길목을 지킴에, 천 명도 족히 두렵게 할 수 있다는 말이 있는데–夫當逕 足懼千夫, 오늘의 우리를 두고 이른 말이다. 너희 여러 장수들이 조금이라도 명령을 어기는 일이 있다면 마땅히 군율대로 시행해서 작은 일일망정 용서치 않겠다"고 재삼 엄히 약속하였다.[35]

35 이순신이 언급한 병법이란 중국 전국시대 오기가 지은 병법서 〈오자〉에서 연유한 것으로 추정된다. "오자가 말하기를, 무릇 병사들의 싸움터는 시체가 뒹구는 곳이다. 죽으려 한다면 오히려 살고, 요행히 살려고 한다면 도리어 죽는다", "오자가 말하기를 길이 좁고 험하며, 높은 산이 크게 가로막은 곳에서는 열 사람이 지키더라도 천 사람이 통과하지 못하는데, 이를 지기라 한다." 등 유사한 부분을 찾을 수 있다. 박혜일·최희동·배영덕·김명섭, 『난중일기』(서울: 시와 진실, 2016), pp.216-217.

음력 9월 16일 일본 군선 300여 척과 이순신 함대 13척과의 결전이 치러진다. 물론 지형지물, 조류 등을 고려하여 전장과 시간을 선택한 이순신의 전술로 일본의 대형군선 아타케부네 200여 척은 전장에 들어오지 못하고 작은 군선인 세키부네 133척과의 싸움으로 바뀌긴 하였으나, 이 역시도 조선수군에겐 10배의 전력이었다. 포위된 상태에서 이순신의 대장선만이 앞장서서 30분에서 1시간 동안 홀로 버티고 있으면서, 약 1마장 즉 400미터 정도 물러서서 후퇴하려고 하는 대부분의 장수들을 초요기를 세워 독려하여 전세를 역전시켰다. 두세 시간 동안 31척의 일본 군선을 분멸시킨 명량해전의 결과는 전과 자체로만 볼 때는 미미해 보일 수도 있으나, 그 역사적 의미는 상당한 것이었다. 칠천량해전 이후 괴멸되다시피 했던 조선수군이 명량해전의 승리를 계기로 사기를 회복하면서 재기의 발판을 마련할 수 있었고, 조선 조정과 일본, 그리고 명나라 등에 조선 수군의 가능성을 보여주었을 뿐만 아니라, 결정적으로 일본 수군의 서해진출을 막아낼 수 있었던 것이다.

이상의 내용을 바탕으로 명량해전의 승리 요인은 다음과 같이 정리해 볼 수 있다. 첫째, 명량이라는 지형지물과 조류의 흐름 등을 고려하여 열세한 병력과 전투력임에도 이를 극복하고 승리를 이끌어낸 이순신의 뛰어난 전략전술, 둘째, 정신훈화와 전장에 임해 솔선수범하는 태도를 통해 도망치려 했던 이들조차 다시 서로를 믿고 단결하여 한마음으로 싸울 수 있도록 만든 리더십[36], 셋째, 싸울 수 있었던 병력이다. 비록 전체 인원수는 적었으나 이 인원들은 이순신이 직접 찾아다니며 소집했거나 자발적으로 참전한 이들이 적지 않았고, 또 대부분이 장수들이나 군관들오늘날의 장교나 부사관로서 전투의지나 군사훈련, 교육 면에서 나았을 것이라 볼 수 있다. 또한 이순신 함대를 찾아와 식량이나 옷가지 등을 제공하였던 피난민과 백성들의 지원과 참전 역시 고려되어야 할 요소일 것이다.

그러나 분명한 것은 명량해전은 불가능해 보이는 상황에서 승리를 이끌어냈던 해전이었고, 이순신 자신이 일기에 쓴 것과 같이 "이는 실로 하늘이 도운 것"이다. 또 그 승리의 주역은 단연코 이순신일 것이다.

앞서 원균에 대해 평가했던 도체찰사 이원익은 이순신에 대해 "이순신은 많은 장수들 가운데 가장 쟁쟁한 자이며 태만한 모습을 보지 못했

36 이와 관련하여 이순신 역시 원균과 마찬가지로 도망자 등의 문제에 시달리고 있었으나 본인의 리더십을 통해 극복하고 있음을 확인할 수 있다. "우리나라 사람들은 겁쟁이가 10명 중에 8~9명이며, 용감한 자는 10명 중에 1~2명입니다. 평시에 분발하지 않고 서로 섞여서 모여 있으므로 무슨 소문만 들려오면 번번이 도망해 흩어질 생각만 내어 덧없이 놀래며 엎어지고 자빠지며 다투어 달아나니, 비록 그 안에 용감한 자가 있더라도 혼자서 번쩍이는 칼날을 무릅쓰고 죽을 각오로 돌격하여 싸울 수 있으오리까. 만일 정선한 군졸들을 용감하고 지혜 있는 장수에게 맡겨서 행세 따라 잘 지도했더라면 오늘의 전란이 반드시 이렇게까지 되지는 않았을 것입니다. 해전으로 말할 것 같으면 많은 군졸들이 죄다 배 안에 있으므로 적선을 바라보고 비록 도망해 달아나려 해도 그들의 형편이 어쩔 수 없는 것입니다. 하물며 노를 재촉하는 북소리가 급하게 울릴 때, 명령을 위반하는 자가 있을 것 같으면 군법이 뒤를 따르는데, 어찌 마음을 다하지 아니할 것이며, 거북선이 먼저 돌진하고 판옥선이 뒤따라 진격하며 연이어 지·현자 총통을 쏘고 따라서 포환과 시석을 빗발치듯 우박 퍼붓듯 하면 적의 사기가 쉽게 꺾이며 물에 빠져 죽기에 바쁘니 이것은 해전의 쉬운 점입니다." 충무공전서 제3 〈條陳 水陸戰事狀〉 참조; 이순신 저, 조성도 역, 『임진장초』(서울: 연경문화사, 2015), pp.147-158.

다. 경상도에 있는 장수 가운데 가장 훌륭하다"고 평하였다. 이순신 사후 당시 좌의정이었던 이덕형 역시 "평소 그에 대해 잘 알지 못했고 원균이 그를 비난한 소문만 듣고 있었는데, 실제로 현지노량 부근에서 확인한 결과 이순신이 노량해전에서 대승을 거두었고 모든 백성들이 그의 죽음을 진심으로 애통하고 있다"[37]고 언급한 바 있다.

37 『선조실록』 권107, 선조 31년 12월 무오, 이민웅(2017), p.410. 재인용.

IV. 정신전력 강화 방안

1. 지휘관의 자질 함양

2장의 군사 전략가들의 정신전력 관련 이론과 3장의 사례를 통해 가장 먼저 지휘관의 중요성을 확인할 수 있었다. 앞서 살펴본 바와 같이 지휘관은 전쟁의 승패를 좌우하는 가장 결정적 요소다. 가장 중요한 순간에 가장 중요한 결정을 내리고, 병력을 지휘 통솔하여 승리혹은 패배를 가져오고, 최종적으로 그 결과에 책임을 지는 사람이기 때문이다. 임진왜란이라는 기간동안 지휘관의 교체로 인해, 전쟁의 승리와 패배가 극명하게 결정되는 사례를 칠천량해전과 명량해전을 통해서 확인할 수 있었다.

그렇다면 어떻게 해야 하는가. 가장 먼저 지휘관의 전략전술에 대한 이해와 노력이 우선일 것이다. 칠천량 해전과 명량해전 시기의 국가지도자는 모두 무지무능한 '선조'[38] 라는 동일한 상황이었다. 그러나 주어진

38 19세기 군의 전문직업화가 진척되면서 군사학이 독립적인 영역으로서 전문성을 띄게 되었고 이에 따라 전문적인 교육과 경험, 훈련이 중요시되었다. 이 시기 등장한 몰트케 등으로 대표되는 독일학파는 정치와 전쟁 영역의 상호 분리, 그리고 군사작전의 이행에 있어 지휘관의 독자적 권한 보장을 매우 강조했다. 이는 클라우제비츠의 가장 핵심적인 사상, 즉 목적으로서의 정치와 수단으로서의 전쟁 구분보다 더 강화된 입장을 의미하는 것으로, 몰트케는 정치와 군 지도부 간의 강한 신뢰를 전제로 하여 "정치 지도부는 작전 사령관에게 행동의 자유를 주어야 하며 정말 필요한 때에만 작전의 위험성을 지적해야 한다"고 주장했다. 독일학파 관련 내용은 군사학연구회(2016), pp.201-238.을 참고할 것. 관련 내용은 손자병법 2편 중 '군주가 장수의 일에 관여하지 말아야 할 세 가지' 부분에서 역시 언급되고 있음.

상황에서 심지어 적에 비해 열악한 상황에서 승리를 이끌어낼 수 있었던 것은 열세를 우위로 바꾸어 버린 이순신의 전략전술이었다.[39] 이순신이 평소 병법을 가까이하였고 항상 전략전술에 관해 부하들과 논의했던 사실은 널리 알려져 있다. 개개인이 아니라 다수의, 민족의, 국가의 죽고 사는 문제에 임해 반드시 승리하기 위해서는, 자신의 타고난 능력만 믿고 있는 것이 아니라 그동안 역사의 경험 등을 통해 도출해 낸 전략전술 연구에 끊임없이 매진해야 마땅할 것이다.

두 번째로 지휘관의 리더십지휘통솔력 함양이다. 부하 장수들과 병사들과의 소통, 지휘관의 용기와 솔선수범, 부대원 간 일체감 형성과 단결심 여부가 전쟁의 승패를 결정한다는 것은 두 해전의 사례에서 확인할 수 있었다. 전장에서 느끼는 공포심과 도피 심리는 인간의 본성이다. 병사들의 도망 문제는 비단 칠천량 해전과 명량해전에서만 나타나는 것이 아니었던 것이다. 그러나 아르뎅 뒤 피크가 주장한 바와 같이 그 본성을 억누르고 자신의 자리에 남아 끝까지 싸울 수 있도록 만드는 힘, 그것이 지휘관의 리더십이다. 이를 위해 지휘관은 솔선수범을 통해 평소 부하들에게 신뢰를 주고, 내가 어려울 때 내 전우가 나를 도울 것임을 느낄 수 있도록 부대원 상호 간에도 단결심과 일체감을 함양시켜야만 한다.[40]

39 손자병법의 전쟁승리 원칙을 이순신의 사례를 통해 적용하고, 교훈을 도출한 내용은 임원빈, 『이순신 병법을 논하다』(서울: 신서원, 2005)를 참고할 것.

40 지휘관이 군인정신(명예심, 충성심, 용기, 필승의 신념, 임전무퇴의 기상, 애국애족의 정신 등)과, 군기, 사기, 단결) 등의 정신전력을 극대화하기 위해서 실제 어떤 점에 중점을 두고 지도할 것인가, 그리고 구체적으로 어떻게 할 것인가에 대해서는 국방부, 『정신전력 지도지침서』의 정신전력 지도 방향(생활교육, 정신교육, 훈련, 부대 환경조성, 홍보활동)과 지휘관 및 참모활동을 참고할 것.

2. 정밀 부대진단과 계획수립

무형전력은 유형전력과 다르게 정밀하고 객관적으로 측정하여 양적 수치로 표현하는 것은 어렵다. 그러나 2장과 3장에서 살펴본 바와 같이 부대 내 군인정신, 사기, 군기, 단결 등의 정신전력 요소 등은 전쟁의 승패와 직접적인 상관관계를 지니기 때문에 이를 명확히 판단하고 인식하여 대안을 제시하는 과정은 반드시 필요하다.[41]

국방부 정신전력 지도지침서에 따르면 부대의 정신전력을 측정하는 방법은 다음과 같다. 첫째, 정신전력은 무엇을 얼마만큼 알고 있는가? 하는 인지적 측면에서의 측정. 둘째, 어떻게 생각하며, 어떻게 행동하려고 하는가? 라는 정의적 측면과 의지적 측면, 그리고 마지막으로 장병이 아닌 지휘관의 정신전력 지도활동의 실태를 직접 진단하는 것이다.

〈그림 3〉은 정신전력 육성을 위해 점검할 수 있는 지도활동, 정신전력 구성요소 및 상호관계, 지도목표, 국방목표를 구체적으로 명시하고 있다. 각 부대는 이 중 지도활동의 범위 즉 생활교육, 정신교육, 훈련, 부대환경 조성, 홍보활동을 점검해 봄으로써 대략의 정신전력 현황을 확인, 점검할 수 있다.

41 국방정신전력원은 한국군의 정신전력을 객관적으로 판단하기 위해 2016년 시범조사를 시작으로 2017년부터 매년 한국군 사회조사를 통해 육·해·공군, 해병대 장병들의 행동 및 가치관 연구 결과를 제시하고 있다. 이에 대한 자세한 방법과 대상 등 관련 내용은 국방정신전력원 홈페이지 내 콘텐츠마당 "한국군 사회조사의 이론적, 방법론적 틀 구축에 관한 연구"를 참고할 것.

각 부대 지휘관과 담당자는 정신전력의 필요성과 중요성에 대한 인식을 가지고 평시 유형전력 현황 파악 및 대책수립과 더불어 부대원과 자신의 정신전력 현황 역시 정확히 진단하고, 부족한 부분에 대한 대책을 수립, 보완할 수 있어야 하겠다.[42]

〈그림 3〉 부대 정신전력 육성체계[43]

	생활교육	정신교육	훈련	부대환경조성	홍보활동
지도 활동	• 내무생활 • 근무 • 부대단결활동 • 군대의식활동 • 진중문화활동 • 체육활동	• 일일정신교육 • 주간정신교육 • 집중정신교육 • 기타교육	• 개인훈련 • 부대훈련	• 인사관리 • 의사소통 • 군 기강확립 • 부대관리 및 운영 • 사기 및 복지 • 기타활동	• 공보활동 • 대민활동

⇩

정신전력 구성요소 및 상호관계	• 명예심 • 충성심 • 용기 • 필승의 신념 • 임전무퇴의 기상 • 애국애족의 정신		• 군기 • 사기 • 단결
	군인정신 함양	상호상승 효과	부대 전력화

42 사실 이러한 부대 진단과 계획수립은 각 부대 내에서 자체적으로 실시하는 데에는 어려움이 따르기에 실제 기준으로 사용되고 있는 기존 진단서 등을 활용하는 것이 좋을 것이다. 국방부 차원에서 실시하고 있는 진단방법과 진단결과에 따른 제언과 시사점은 국방정신전력원 연구보고서 17-5, 『2017 한국군 사회조사를 활용한 장병 행동 및 가치관 연구』(대전: 국방정신전력원, 2017)를 참고할 것.

⇩

지도 목표	정신전력 극대화

⇩

국방 목표	• 국가보위 • 평화통일 뒷받침 • 지역 안정과 세계평화에 이바지

3. 정신전력 교육 및 훈련강화

앞서 살펴본 바와 같이 인간의 본성은 변하지 않으나 지휘관, 평시의 교육 및 훈련 상태 등에 따라 전시에 이러한 인간의 본성이 약화될 수도, 그대로 드러날 수도 있었다. 아르뎅 뒤 피크는 부대 정신은 평소의 교육과 훈련을 통해 만들어진다고 강조하였다.

> 정신적인 친분성만으로는 훌륭한 조직을 이루기에 충분하지 않다. 훌륭한 공동정신이 부대에 필요한 것이다. 모두가 단지 살기 위해서가 아니라 전투를 위해서 노력해야 하며 어떤 곳에 소용되리라는 것을 모르는 가운데에서도 병사들은 훈련을 열심히 해야 되기 때문에

43 국방부, 『정신전력 지도지침서』, 1997, p.37.

묵묵히 참고 견디어야 하는 것이다. 병사가 일단 그의 무기를 다룰 줄 알고 모든 명령에 복종하면 이후에는 이러한 것들을 잊고 있는 병사들에게 이것을 환기시키기 위한 임시 교육만이 필요할 것이다. 필요한 것은 행군과 전투기동이다. 병사들에 대한 기술적인 훈련은 어려운 것이 아니다. … 중략 … 교육과 훈련은 간단하지 않으면 안 된다.[44]

평소 부대원들이 교육과 훈련을 통해 전장에서 어떻게 행동해야 하는지 배우고 익히고, 함께 땀을 흘리면서 서로 전우애와 단결심을 기르는 것은 물론, 자신들이 성장하고 발전하고 있음을 느끼며 승리를 확신한다면 정신전력은 강해지는 것이다.

난중일기는 평소 이순신이 부대원 및 참모들과 함께 전략전술을 연구하고, 훈련을 해왔음을 잘 보여준다. 특히 임진왜란 첫 해전이었던 옥포해전을 앞둔 상황에서 이순신을 비롯한 대부분의 병력이 해전경험이 없었던 상황임에도 불구하고 철저한 사전준비로 첫 해전을 승리로 이끌었고[45], 이후 이순신과 조선 수군들은 함께 전투경험을 쌓아가며 계속된 해전에서 숙련된 모습을 보여주었고, 나아가 학익진 등의 독창적 전략전술까지 보여주었다. 평소의 교육훈련, 전우애와 단결심은 전투에 임해서 전투력의 시너지 효과를 낼 수 있도록 만들었던 것이다.

반면 원균의 경우에는 전투를 앞두고 통제사로 교체되면서 약 5개월

44 아르뎅 뒤피크(1986), p.136-137.

45 이순신은 임진왜란 발발 약 14개월 전에 전라좌수사로 부임하여, 임진왜란 15일 전에 시험운항을 마쳤고, 하루 전 기동훈련을 통해 해상에서의 전투준비태세를 확인 점검하였다.

의 그리 길지 않은 기간 동안 이순신 휘하의 장수, 부대원이었던 이들과 전투를 준비해야 하는 상황이었다. 원균의 경우에는 이순신과 달리 기록이 남아있지 않아 그 기간 동안 어떠한 교육훈련이 이루어졌는지 정확히 확인할 수는 없으나, 임진왜란 초기부터 함께 교육, 훈련, 그리고 전투를 함께해 왔던 이순신의 경우와, 전투를 앞둔 상황에서 급하게 교체된 이후, 약 5개월의 기간 동안 교육훈련을 진행했던 원균의 전투준비 상황, 전우애와 단결심은 확연히 달랐을 것이다.[46] 이 두 사례는 평소의 교육훈련 준비를 통한 정신전력의 정도가 어떻게 승패를 가르는지를 잘 보여주는 것이다.

46 6월 17일 난중일기에 따르면 원균 휘하의 여러 장수 중 다수가 원균을 따르지 않고, 원균 역시 장수들과 더불어 의논하지 않고 있다는 당시 상황이 적혀있다. 또한 선조 30년 6월 10일자의 장계에는 '이때까지 수군이 한 번도 해양에 나가지 않고 있다'고 기록되어 있는데, 이것은 그 기간까지 실제 해양에서의 훈련이 전혀 이루어지지 않았고, 조선 수군의 출동 준비 역시 완료되지 않은 당시 상황을 짐작게 한다. 『선조실록』권 89. 이민웅(2014), p.328.에서 재인용.

V. 결론

본 연구는 유형전력에 비해 객관적이고 과학적인 측정이 어렵다는 연구의 제한성 때문에 그간 상대적으로 덜 연구되어 왔고, 중요도 역시 덜 부각되어 왔던 무형전력에 주목하고자 하였다. 과연 정신전력이란 무엇이고, 왜 중요한 것일까에 대한 답을 찾기 위해 기존 연구 성과를 바탕으로 정신전력 구성요소를 확인하고 사례에 적용시켜 보았다.

무형전력에 대한 연구의 어려움에도 불구하고 클라우제비츠의 『전쟁론』, 손자의 『손자병법』, 아르뎅 뒤 피크의 『전투연구』 등에서 볼 수 있듯 수많은 군사 전략가들은 전쟁의 승리에 있어 정신전력의 중요성을 강조하고 있었다. 2장에서 이들의 연구를 종합한 결과, 이들이 공통적으로 정신전력을 강화시키는 요소로 주장했던 부분을 확인하였다. 첫째 지휘관, 둘째 부대원들의 군기와 사기, 셋째 연습과 훈련, 군사교육이 그것이었다.

3장에서는 이 요소를 임진왜란 시기 충무공 이순신의 명량해전과 원균의 칠천량 해전에 적용시켜 이 세 가지가 정말 무형전력을 변화시켜 전쟁의 승패를 바꾸었는지를 확인해 보았다. 그리고 그 결과 조선 수군의 리더였던 충무공 이순신과 원균은 임진왜란 시기 해전에서 부대원의 군기와 사기, 그리고 교육훈련 등의 요소를 변화시켰고, 그 결과 서로 다른 결과를 가져왔던 것을 확인할 수 있었다.

4장에서는 지금까지의 논의를 종합하여 정신전력 강화방안을 다음의 세 가지로 도출해 보았다. 첫째, 지휘관의 자질 함양, 둘째, 부대의 군기와 사기를 측정하기 위한 부대 정밀진단과 계획수립, 마지막 정신전력 교육 및 훈련 강화가 그것이다.

앞서 살펴본 바와 같이 정신전력은 보이지 않는 무형 요소이다. 그러나 보이지 않고 객관적으로 수치화하여 연구하기 어렵다 하여 그 중요도가 덜한 것은 결코 아니다.[47] 만약 그 누구라도 본 연구에서 제시하였던 군사 전략가들의 이론과 근거, 그리고 실제 역사적 사례를 통해 정신전력의 가치를 다시금 생각해 볼 수 있는 계기가 되었다면 본 소논문은 소기의 성과를 달성한 것이다.

상상을 뛰어넘는 최첨단 기술의 등장, 대량 파괴 혹은 정밀 파괴, 무인화 등 유형전력이 크게 부각되고 있는 오늘날이, 어쩌면 역설적으로 무형전력인 정신전력 강화가 가장 필요한 때일 수 있다. '전쟁'의 본질에는 언제나 '인간'이 있기 때문이다.

47 전투는 다투는 두 개의 집단이 상호 간의 의지의 행위를 지속적으로 수행하는 정신적 투쟁이다. 전투가 결정적으로 귀결되려면 그 둘 가운데 하나가 정신적으로 와해되어야 한다. 전투의 목표가 '인간' 집단의 붕괴이기 때문에 전투연구는 필연적으로 사회적, 심리적 연구일 수밖에 없다. 존 키건(2005), pp.355-359.

참고 문헌

논문

_ 김성완, “뒤 피크의 군사사상과 정신전력요소”, 『정신전력연구』, 7호, 1986.

_ 김현기, “뒤 피크의 전략사상 연구”, 『군사연구』, 121호, 2012

_ 박성현·박휘락·이명주·오종권·양태욱, “정신전력 평가도구 개발 연구”, 21세기군사연구소, 2010.

_ 김인국, “군 정신교육 효과성 강화를 위한 정책방향 연구”, 『정신전력연구』, 48호, 2017.

저서

_ 국방부, 『국군 정신교육 기본교재』, 1998.

_ 국방부, 『정신전력 지도지침서』, 1997.

_ 국방정신전력원, 연구보고서 17-5 『2017 한국군 사회조사를 활용한 장병 행동 및 가치관 연구』(대전: 국방정신전력원, 2017.)

_ 군사학연구회, 『군사사상론』(서울: 플래닛미디어, 2014.)

_ 박혜일·최희동·배영덕·김명섭, 『난중일기』(서울: 시와 진실, 2016.)

_ 서울교육대학교 산학협력단, 『장병 정신교육 기본교재 개편 사전 연구용역』(대전: 국방정신전력원, 2017.)

_ 손자 지음, 김원중 옮김, 『손자병법』(서울: 휴머니스트, 2018.)

_ 아르뎅 뒤피크 저, 『전투연구』, 국군정신전력학교, 1986.

_ 안영배, 『잊혀진 전쟁, 정유재란』(서울: 동아일보사, 2018)

_ 육군 군사연구소, 『군사사 연구방법론』, 국군인쇄창, 2010.

_ 서애 유성룡 저, 이재호 역, 『국역정본 징비록』(서울: 역사의 아침, 2017.)

_ 『선조실록』

_ 이민웅, 『이순신 평전』(서울: 성안당, 2017.)

_ 이민웅, 『임진왜란 해전사』(서울: 청어람미디어, 2014.)

_ 이순신 저, 노승석 역, 『개정판 교감완역 난중일기』(서울: 여해, 2018.)
_ 이순신 저, 조성도 역, 『임진장초』(서울: 연경문화사, 2015.)
_ 이종학, 『한국군사사 연구』(대전: 충남대학교 출판문화원, 2013.)
_ 임원빈, 『이순신 병법을 논하다』(서울: 신서원, 2005.)
_ 제장명, 『이순신 백의종군』(서울: 행복한 나무, 2011.)
_ 조성도, 『충무공 이순신』(서울: 남영문화사, 1985.)
_ 존 키건 저, 정병선 옮김, 『전쟁의 얼굴』(서울: 지호출판사, 2005.)
_ 카를 폰 클라우제비츠 지음, 류제승 옮김, 『전쟁론』(서울: 책세상, 2016.)
_ 피터 놀서스(Peter G. Northouse) 저, 김남현 역, 『리더십 이론과 실제』(서울: 경문사, 2016.)
_ 해군사관학교 박물관, 『구해 조성도 교수 화갑기념 충무공 이순신 연구 논총』(서울: 연경문화사, 1991.)
_ 황성칠, 『군사전략론』(서울: 한국학술정보, 2013.)
_ Ian Speller, "Naval Warfare," in David Jordan and James D. Kiras eds, *Understanding Modern Warfare*(UK: Cambridge University Press, 2017.
_ J. C. Wylie, *Military Strategy*(MD: Annapolis, Naval Institute Press, 2014.)
_ John Keegan, *The Face of Battle*(New York: Penguin Group, 1976.)
_ Michael Howard, *Clausewitz*(UK: Oxford University Press, 1983.)
_ Sun Tzu, *The Art of War*(Boston: Shambhala Publications, 1988.)
_ Quincy Wright, *A Study of War*(Chicago: The University of Chicago Press, 1964.)